浙江省普通本科高校"十四五"重点教材

Python程序设计

第2版

○ 主　编　杨柏林　刘细涓
○ 副主编　孟　实　罗文媗　韩建平

U0185232

中国教育出版传媒集团

高等教育出版社·北京

内容提要

　　本书作为程序设计语言教材,系统地阐述了 Python 语言的工作原理、程序设计技术、实现方法及其应用。全书共 10 章,分为三部分。第一部分为基础篇,包括第 1～4 章,主要介绍 Python 基础知识与环境配置,基本程序框架与基本语法、基本数据类型、运算符与运算函数、组合数据类型,让学生能够快速理解 Python 语言并建立基本的计算思维能力。第二部分是进阶篇,包括第 5～8 章,主要介绍程序结构与异常处理、函数与模块、对象与方法、文件与数据库,让学生掌握更复杂的面向对象编程技术。第三部分是高级篇,包括第 9、10 章,主要根据目前的技术发展需求增加了基于 Python 语言的大数据分析、人工智能、机器人等技术,让学生能够利用 Python 语言解决实际问题。

　　本书入选浙江省普通本科高校"十四五"首批新工科、新医科、新农科、新文科重点教材建设项目,内容丰富、深入浅出、通俗易懂、注重实践,同时提供取材新颖、实用的案例与习题,便于读者巩固所学知识。

　　本书基础篇和进阶篇主要面向非计算机专业,特别是零基础的学生,如文科、经管、艺术类学生;高级篇适用于高等院校计算机科学与技术、数据科学与大数据技术、信息安全、软件工程、网络工程、信息管理与信息系统、电子商务、物流管理、金融类与财经类等相关专业的学生。本书也可作为从事程序设计与应用开发的工程技术人员的参考资料。

图书在版编目(CIP)数据

　　Python 程序设计 / 杨柏林,刘细涓主编;孟实,罗文媄,韩建平副主编. --2 版. -- 北京:高等教育出版社,2023.2(2024.12重印)

　　ISBN 978-7-04-059909-1

　　Ⅰ.①P… Ⅱ.①杨… ②刘… ③孟… ④罗… ⑤韩…
Ⅲ.①软件工具 – 程序设计　Ⅳ.① TP311.561

　　中国国家版本馆 CIP 数据核字(2023)第 015663 号

Python Chengxu Sheji

策划编辑	武林晓	责任编辑	武林晓	特约编辑	薛秋丕	封面设计　张申申
版式设计	童　丹	责任绘图	杨伟露	责任校对	高　歌	责任印制　耿　轩

出版发行	高等教育出版社		网　　址	http://www.hep.edu.cn
社　　址	北京市西城区德外大街 4 号			http://www.hep.com.cn
邮政编码	100120		网上订购	http://www.hepmall.com.cn
印　　刷	山东韵杰文化科技有限公司			http://www.hepmall.com
开　　本	787mm×1092mm　1/16			http://www.hepmall.cn
印　　张	13.5		版　　次	2018 年 8 月第 1 版
				2023 年 2 月第 2 版
字　　数	330 千字		印　　次	2024 年 12 月第 3 次印刷
购书热线	010-58581118			
咨询电话	400-810-0598		定　　价	38.00 元

本书如有缺页、倒页、脱页等质量问题,请到所购图书销售部门联系调换

Python 程序设计

第 2 版

主　编
杨柏林　刘细涓
副主编
孟　实　罗文媛　韩建平

1　计算机访问http://abook.hep.com.cn/1865464，或手机扫描二维码、下载并安装 Abook 应用。

2　注册并登录，进入"我的课程"。

3　输入封底数字课程账号（20位密码，刮开涂层可见），或通过 Abook 应用扫描封底数字课程账号二维码，完成课程绑定。

4　单击"进入课程"按钮，开始本数字课程的学习。

Python 程序设计　第2版

主　编　杨柏林　刘细涓
副主编　孟　实　罗文媛　韩建平

"Python 程序设计（第2版）"数字课程与纸质教材一体化设计，紧密配合。数字课程涵盖电子教案、微视频、程序源代码等，充分运用多种媒体资源，极大地丰富了知识的呈现形式，拓展了教材内容。在提升课程教学效果的同时，为学生学习提供思维与探索的空间。

　　课程绑定后一年为数字课程使用有效期。受硬件限制，部分内容无法在手机端显示，请按提示通过计算机访问学习。

　　如有使用问题，请发邮件至 abook@hep.com.cn。

扫描二维码
下载 Abook 应用

前　言

党的二十大报告强调，"推动战略性新兴产业融合集群发展，构建新一代信息技术、人工智能、生物技术、新能源、新材料、高端装备、绿色环保等一批新的增长引擎"。当前，新一代信息技术日益成为引领新一轮科技革命和产业变革的核心技术，是国民经济的战略性、基础性和先导性产业。党中央、国务院高度重视新一代信息技术产业发展。计算机程序设计语言是学习信息技术的基础，它不仅仅是一种工具，更是一种思维方式和解决问题的能力。通过学习程序设计语言，可以深入了解计算机运行原理，掌握编程技能，培养逻辑思维和创新能力，提高问题解决的效率和准确性；同时，还可以为未来的学习和工作提供更广阔的发展空间。程序设计语言对于信息技术领域的学习和职业发展至关重要，有助于个人建立坚实的学术和职业基础。

Python 是一种简单易学、免费开源、功能强大的高级程序设计语言。Python 语法的简洁性和对动态数据的支持以及解释型语言的本质，使它成为多数平台上编写脚本和快速开发应用的编程语言。随着 Python 版本的不断更新和新功能的添加，逐渐被用于独立大型项目的开发。2021 年 10 月，编程语言流行指数的排行榜 Tiobe 将 Python 列为最受欢迎的编程语言的首位，20 年来首次将其置于 Java、C 和 JavaScript 之上。

本书入选浙江省普通本科高校"十四五"首批新工科、新医科、新农科、新文科重点教材建设项目，主要面向非计算机专业，特别是零基础的学生，如文科、经管、艺术类学生。本书第一版在 2019 年 1 月正式发行，目前累计读者 3 万余人，遍布全国 10 个省市 20 余所高校，受到用户的广泛好评。在第一版的基础上，编者通过多次远程回访和会议讨论，根据专家、教师和用户的积极反馈，结合教学实践的需求，进行了认真的修改和内容调整，并增加了相关配套的教学资源。

本书为新形态教材，编者团队已经建设了"Python 100 one by one"慕课（中国大学MOOC)，搭建了基于 Python 的虚拟仿真实验平台和开放性的计算机 OJ 平台。通过上述在线慕课学习和仿真实验平台，学生能够快速掌握 Python 程序设计的思路和方法，激发编程兴趣，并培养计算思维能力。本书在编写中更加注重案例教学，精选 100 道经典程序设计例题，涵盖Python 语言的重要知识点，并通过 step-by-step 的形式讲解，让零基础的学生更容易掌握编程，改变他们刚接触编程时无从下手的状态。

全书共 10 章，分为三部分。第一部分为基础篇，包括第 1～4 章，主要介绍 Python 基础知识与环境配置，基本程序框架与基本语法，基本数据类型、运算符与运算函数，组合数据类型，让学生能够快速理解 Python 语言并建立基本的计算思维能力。第二部分是进阶篇，包括第 5～8 章，主要介绍程序结构与异常处理、函数与模块、对象与方法、文件与数据库，让学生掌握更复杂的面向对象编程技术。第三部分是高级篇，包括第 9、10 章，主要根据目前的技术发展需求增加了基于 Python 语言的大数据分析、人工智能、机器人等技术，让学生能够利用Python 语言解决实际问题。

　　本书的作者都是多年从事计算机基础教学、经验丰富的一线教师。编写人员包括浙江工商大学计算机与信息工程学院的杨柏林教授、刘细涓老师、罗文婳老师、孟实老师以及杭州电子科技大学计算机学院的韩建平教授。全书由杨柏林教授负责整体结构设计、内容安排和审校工作。

　　鉴于作者水平有限，疏漏与不妥之处在所难免，敬请同行专家与广大读者不吝指正！

编　者

2022 年 8 月　杭州

目　录

第二部分　进　阶　篇

第三部分　高　级　篇

第一部分

基 础 篇

　　中国共产党第二十次全国代表大会的召开标志着新时代中国特色社会主义事业迈上新的征程。在这一历史时刻,我们不仅要深刻领会大会精神,更要将其贯彻到各个领域,包括信息技术的发展和应用。Python 程序设计语言作为当今最受欢迎和应用广泛的编程语言之一,在大会的指导下,其学习与应用将迎来新的机遇和挑战。基础阶段的学习将有助于我们建立对 Python 语言的基本认知,为今后的学习和应用奠定坚实基础。这一阶段包括 Python 基础知识与环境配置,基本程序框架与基本语法,基本数据类型、运算符与运算函数,组合数据类型等方面的学习。通过系统学习 Python 的语法基础,可以帮助学习者建立起对编程逻辑和语法结构的清晰认识,为进一步的学习和应用打下坚实的基础。

第 1 章　Python 基础知识与环境配置

本章的学习目标：
(1) 了解 Python 语言相关的基本概念。
(2) 掌握 Python 的下载和安装方法以及 PyCharm 的使用方法。

1.1　程序设计语言

电子教案：第 1 章 Python 基础知识与环境配置

1.1.1　程序设计语言概述

程序是指按照时间顺序依次安排的工作步骤，而程序设计则是对这些步骤的安排与优化。计算机程序设计又称为编程（programming），是一门设计和编写计算机程序的科学和艺术。

程序设计语言（也被称为"编程语言"，programming language）是一种用于人机交互的人造语言，即程序设计的具体实现方式。

程序设计语言分为三大类：机器语言、汇编语言、高级语言。

（1）机器语言：是底层的语言，是计算机可以直接识别和执行的程序设计语言，只有"0"和"1"，是一种二进制语言，就像开关一样，0 是"关"，1 是"开"。简而言之，机器语言是一串串由"0"和"1"组成的指令序列，并且可以交由计算机直接执行。

（2）汇编语言：机器语言的符号化，与机器语言存在直接的对应关系。汇编语言中通常用一些简单的英文字母、符号串来替代一些特定的二进制串指令。比如，用"ADD"代表加法，"MOV"代表数据传递等。

（3）高级语言：面向用户的、基本上独立于计算机种类和结构的语言。高级语言的一条命令可以代替几条、几十条甚至几百条汇编语言的指令。

目前使用率较高的程序设计语言几乎全是高级语言，主要有 C、C++、C#、Go、HTML、Java、JavaScript、PHP、Python 等。

1.1.2　编译与解释

在计算机上执行用高级语言编写的程序有两种方式：编译执行和解释执行。

1. 编译（complication）执行

这种方法是设法预先把高级语言程序（也称为"源程序"或"源代码"）转换为可以由计算机直接执行的机器语言的程序，即转换为"可执行（executable）程序"。

人们实现了高级语言"编译器"（compiler）完成将高级语言程序转换为机器语言程序的工作，这个过程称为"编译执行"。编译器把高级语言程序看成符合一定语法结构的符号串，并对它进行加工转换。

编译器对源代码的加工一般分为两个阶段。

（1）"编译"（compiling）：将源代码翻译成机器语言，翻译完成后的结果被称为"目标码"（object code），目标码构成的程序片段称为目标模块。

（2）"连接"（linking）：将目标模块与其他一些基本模块（由编译软件提供）连接在一起，最终形成"可执行程序"（executable program），这样的程序就可以在计算机上实际运行了。

源代码的编译执行过程如图 1-1 所示。

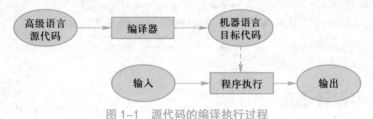

图 1-1　源代码的编译执行过程

2. 解释（interpretation）执行

这种方法是即时把源代码转换为机器可执行的指令。有时为了提高效率，也可以先将源代码编译成一种中间代码。

对于"解释执行"方式，人们实现了一种称为"解释器"（interpreter）的软件来完成转换工作。解释器在工作方式上与编译器不同，它不对源代码进行翻译，而是直接对源代码的语句进行分析和解释，从而实现源代码所描述的功能。

程序的解释执行过程如图 1-2 所示。

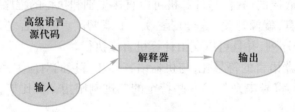

图 1-2　源代码解释执行过程

两种高级语言的执行方式各有优势。

使用编译方式时，编译器一次性生成目标代码，优化更充分，程序运行时速度更快。

（1）对于相同的源代码，编译所产生的目标代码执行速度更快。

（2）目标代码不需要编译器就可以运行，在同类操作系统上使用灵活。

使用解释方式时，执行程序时需要源代码，维护更加灵活。

（1）解释执行需要保留源代码，程序纠错和维护十分方便。

（2）只要存在解释器，源代码可以在任何操作系统上运行，可移植性好。

1.2　Python 语言概述

Python 是一种简单易学、免费开源、功能强大的高级程序设计语言，使用 Python 高效的数据结构,可以简单有效地实现面向对象编程。Python 简洁的语法以及对动态数据类型的操作支持,再加上解释性语言的本质,使得它在大多数平台上都是一个理想的脚本语言,特别适用于快速应用程序开发。同时 Python 具有高效、丰富和庞大的标准库和扩展库,已被广泛地应用到了众多领域中。

Python 作为一种叫做 ABC 语言的替代品,是在 1990 年左右,由荷兰数学和计算机科学研究学会的吉多·范罗苏姆设计产生的。Python 提供了高效的高级数据结构,还能简单有效地面向对象编程。Python 语法和动态类型以及解释型语言的本质,使它成为多数平台上写脚本和快速开发应用的编程语言,随着版本的不断更新和语言新功能的添加,逐渐被用于独立的、大型项目的开发。

Python 解释器易于扩展,可以使用 C 语言或 C++(或者其他可以通过 C 调用的语言)扩展新的功能和数据类型。Python 也可作为可定制化软件中的扩展程序语言。Python 丰富的标准库,提供了适用于各个主要系统平台的源码或机器码。

2021 年 10 月,语言流行指数排行榜 Tiobe 将 Python 列为最受欢迎的编程语言的首位,20年来首次将其置于 Java、C 和 JavaScript 之上。

1.2.1 Python 语言的特点

(1)易于学习:Python 有相对较少的关键字,结构简单,语法有明确定义,学习起来更加简单。

(2)易于阅读:Python 代码定义清晰易懂。

(3)易于维护:Python 的源代码是相当容易维护的。

(4)一个广泛的标准库:Python 的最大的优势之一是拥有跨平台的、丰富的库,在 UNIX、Windows 和 macOS 兼容性很好。

(5)互动模式:Python 支持互动模式,用户可以从终端输入执行代码并获得结果,并且还能进行互动测试和调试代码片段等操作。

(6)可移植:基于其开放源代码的特性,Python 已经被移植到许多平台。

(7)可扩展:Python 支持直接调用 C 或 C++ 程序。

(8)数据库:Python 提供所有主要的商业数据库的接口。

(9)GUI 编程:Python 支持 GUI(graphical user interface,图形用户界面),可以将程序移植到许多系统。

(10)可嵌入:可以将 Python 嵌入到 C、C++ 程序,使用户获得"脚本化"的能力。

1.2.2 编写 Hello 程序

大部分程序员在接触一门新语言时,都会首先使用它编写一个在屏幕上显示"Hello World"消息的程序,这将为程序员接下来的学习带来好运。

要使用 Python 来编写这个 Hello World 程序,只需一行代码,如图 1-3 所示。

运行结果如图 1-4 所示。

```
print("Hello World!!!")
```

图 1-3 Hello World 运行代码

```
Hello World!!!
```

图 1-4 Hello World 运行结果

1.3　Python 的下载和安装

1.3.1　安装 Python

Python 的安装非常简洁,可以在它的官网找到最新的版本并下载。

如图 1–5 所示,进入 Python 官网后找到 Download 字样,单击 Latest:Python 3.10.2 超链接,即可找到 Python 3.10.2 的下载地址。

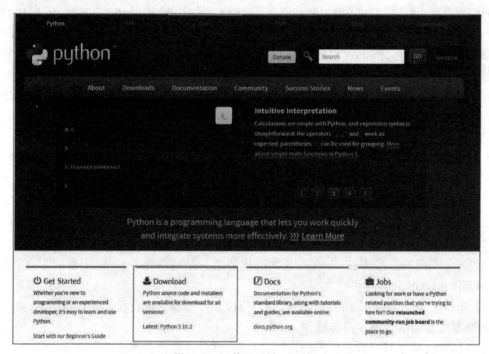

图 1–5　下载 Python 3.10.2

在新打开的网页下方找到 Files,这里有适用于各种操作系统的 Python 安装包,如图 1–6 所示。

Files					
Version	Operating System	Description	MD5 Sum	File Size	GPG
Gzipped source tarball	Source release		8cf053206beeca72c7ee531817dc24c7	25399571	SIG
XZ compressed source tarball	Source release		f0dc9000312abeb16de4eccce9a870ab	18889164	SIG
macOS 64-bit Intel installer	Mac OS X	for macOS 10.9 and later	a64f8b297fa43be07a34b8af9d13d554	29845662	SIG
macOS 64-bit universal2 installer	Mac OS X	for macOS 10.9 and later, including macOS 11 Big Sur on Apple Silicon (experimental)	fc8d028618c376d0444916950c73e263	37618901	SIG
Windows embeddable package (32-bit)	Windows		cde7d9bfd87b7777d7f0ba4b0cd4506d	7578904	SIG
Windows embeddable package (64-bit)	Windows		bd4903eb930cf1747be01e6b8dcdd28a	8408823	SIG
Windows help file	Windows		e2308d543374e671ffe0344d3fd36062	8844275	SIG
Windows installer (32-bit)	Windows		81294c31bd7e2d4470658721b2887ed5	27202848	SIG
Windows installer (64-bit)	Windows	Recommended	efb20aa1b648a2baddd949c142d6eb06	28287512	SIG

图 1–6　Python 安装包

　　根据使用的操作系统,下载对应的安装包即可。本书使用的操作系统是 Windows 10(64位),那么选择 Windows installer(64-bit)下载即可。

　　安装 Python 3 非常简单,双击打开下载好的安装包,然后启动一个如图 1-7 所示的引导过程,在该页面中,勾选 Install launcher for all users(recommended)和 Add Python 3.10 to PATH 复选框。

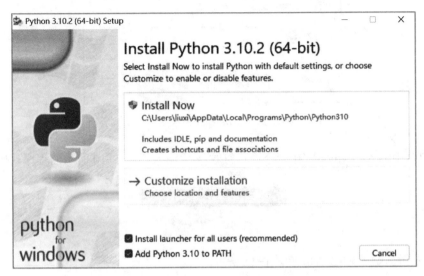

图 1-7　安装程序引导过程启动页面

安装成功后将显示如图 1-8 所示的成功页面。

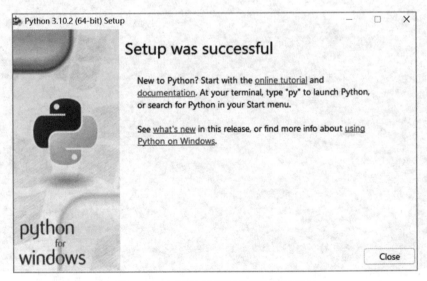

图 1-8　安装程序引导过程的成功页面

1.3.2　运行 Hello 程序

运行 Python 程序有两种方式:交互式和文件式。

1. 交互式启动和运行方法

（1）按 Win+R 键，启动 Windows 操作系统命令行工具，输入 cmd，如图 1-9 所示。

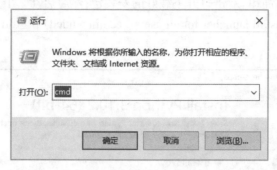

图 1-9　启动 Windows 操作系统命令行工具界面

在控制台中输入"Python"，在命令提示符 >>> 后输入如图 1-10 所示的程序代码。

图 1-10　程序代码

按 Enter 键后显示输出结果如图 1-11 所示。

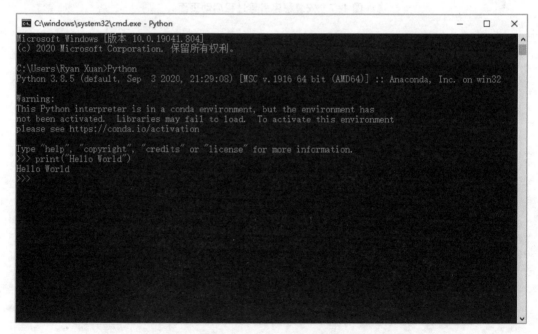

图 1-11　通过命令行启动交互式 Python 运行环境

　　（2）通过调用安装的 IDLE 来启动 Python 运行环境。IDLE 是 Python 软件包自带的集成环境，双击 IDLE 启动应用程序后，输入相同代码，并按 Enter 键，在 IDLE 环境中运行 Hello World 程序，效果如图 1-12 所示。

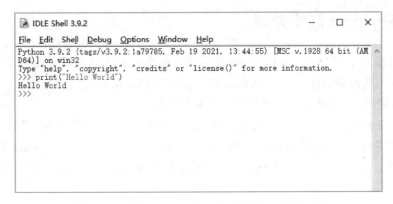

图 1-12 通过 IDLE 启动交互式 Python 运行环境

2. 文件式启动和运行方法

（1）按照 Python 的语法格式编写代码，并将源代码文件保存成扩展名为 .py 格式的文件。然后打开 Windows 命令行工具，进入 .py 文件所在的目录，使用"python XXX.py"命令运行 Python 程序文件并获得输出，如图 1-13 所示。

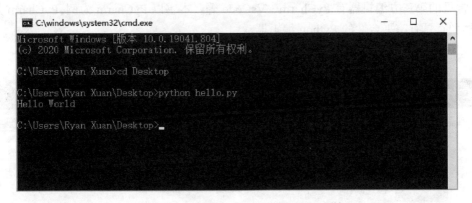

图 1-13 通过文件方式运行 Python 文件

（2）打开 IDLE，选择 File->New File 命令，新建 .py 文件，在窗口中输入 Python 程序代码，并保存文件，按 F5 键，运行该文件，结果如图 1-14 所示。

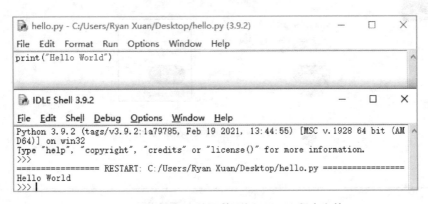

图 1-14 通过 IDLE 编写并运行 Python 程序文件

1.4 Python 版本差异

Python 的版本主要分为 2.x 和 3.x 两个系列。Python 3 计划每年发布一个新的子版本，一次只增加一到两种新语法。使用 Python 时选择版本越新越好，越老的版本，代码越难维护。维护老版本的代码时，需要了解各版本之间的主要差异。

从 Python 2 到 Python 3 是一个大版本升级，有很多不向下兼容的差异，导致很多 Python 2 的代码不能被 Python 3 解释器运行。Python 2 的最后一个子版本是 Python 2.7，此后没有再发布新版本，只是发布一些维护补丁。到 2020 年，Python 官方宣布停止对 Python 2 的维护。

1.5 PyCharm 的下载和安装

由于 IDLE 类似于命令行交互式界面的简洁风格和简单的执行逻辑，并不适合新手使用，通常情况下，建议初次学习 Python 语言的新手选择一种第三方编辑器来编译和执行 Python 源代码。常见的第三方编辑器有 PyCharm、VsCode 等。本书以 PyCharm 为例，PyCharm 是一款功能强大的、具有跨平台性的 Python 编辑器。

PyCharm 的下载界面如图 1-15 所示，选择免费的社区版，单击 "下载" 按钮即可。

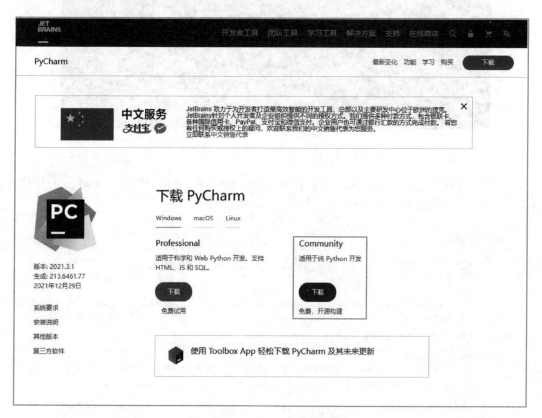

图 1-15 PyCharm 的下载界面

PyCharm 的安装过程如下。

(1) 如图 1-16 所示，打开安装包，单击 Next 按钮开始安装。

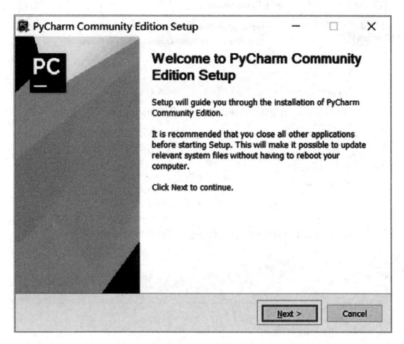

图 1-16　打开安装包

(2) 如图 1-17 所示，选择安装路径。

图 1-17　选择安装路径

（3）如图 1–18 所示，根据自身需求选择功能。

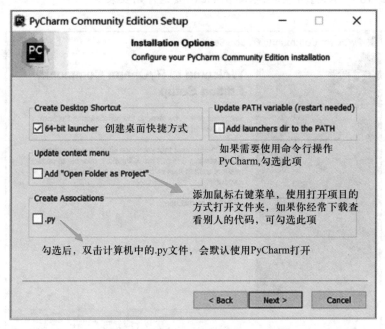

图 1–18   功能选择

（4）如图 1–19 所示，单击 Install 按钮开始安装。

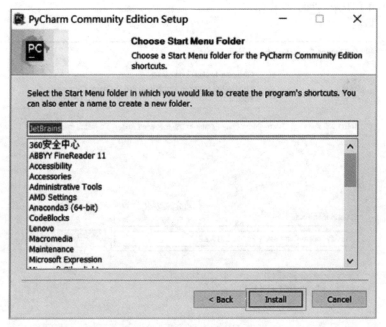

图 1–19   选择开始菜单文件夹

（5）如图 1–20 所示，安装完成。

图 1-20　完成安装

1.6 PyCharm的使用

1.6.1 Create New Project

进入 PyCharm 后，弹出的欢迎界面如图 1-21 所示。

图 1-21　PyCharm 欢迎界面

单击 New Project 按钮创建一个新项目后,跳转至如图 1-22 所示界面,选择项目路径并配置环境。

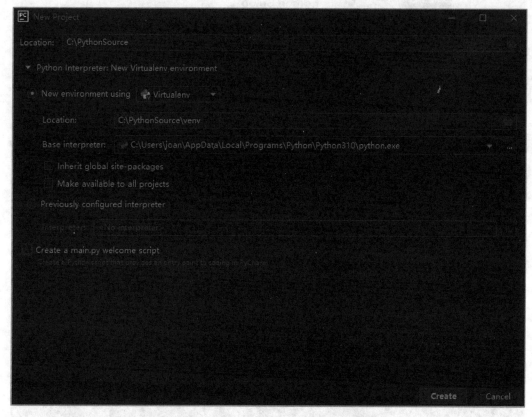

图 1-22 PyCharm 新项目路径和环境配置

（1）Location:选择新建的存放路径。

（2）Python Interpreter:New Virtualenv environment:Python 会为每一个项目创建一个独立的虚拟环境,从而很好地解决版本冲突和全局变量混乱等问题。选择默认环境工具 Virtualenv,PyCharm 的 New environment using 选项会在项目创建路径中自动建立一个 venv 目录,并在这里存放一个虚拟的 Python 环境,并且可以看到在 Base interpreter 选项中,已经自动关联已安装的 Python 3.10 版本,这里所有的类库依赖都可以直接脱离系统安装的 Python 独立运行。

（3）Create a main.py welcome script:创建一个欢迎脚本,如果不需要创建,可以取消勾选。

配置好路径和环境后,单击 Create 按钮创建项目,创建完成后 PyCharm 的主页面如图 1-23 所示。

1.6.2 创建一个 Python 文件

在主页面左侧,Project 根目录下找到刚新建的 PythonSource 项目,右击,在弹出的快捷菜单中选择 New->Python File 命令,创建一个新的 Python 文件,如图 1-24 所示。

图 1-23　PyCharm 主页面

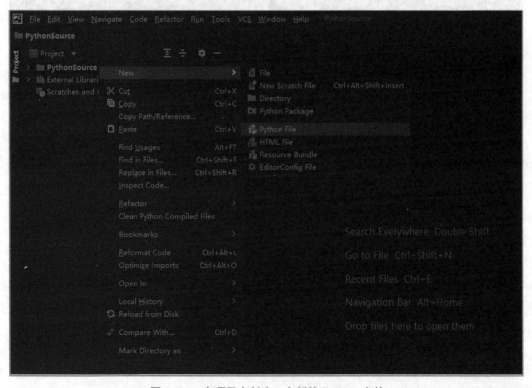

图 1-24　在项目中创建一个新的 Python 文件

从弹出的菜单中选择 Python file 选项,然后输入新文件名,如图 1-25 所示。

图 1-25   输入新 Python file 文件名

输入完成后按 Enter 键,创建完成后界面如图 1-26 所示。

图 1-26   Python 文件创建完成界面

1.6.3   运行一个 Python 文件

此时就可以在右侧编辑器中输入程序代码了。以在屏幕上打印 Hello World 语句为例,在输入代码时,PyCharm 不仅会根据输入的函数提示后续应输入的参数等,还会出现一个灯泡形的小图标,单击这个小灯泡,可以查看具体问题。这是 PyCharm 的即时分析功能,也是 PyCharm 更适合初学者使用的原因,如图 1-27 所示。

PyCharm 会即时分析代码,并把结果立即显示在滚动条顶部的检查指示器中。此检查指示就像交通信号灯一样:绿灯时,一切正常,可以继续执行代码;黄灯表示一些小问题,但是不会影响编译;但是如果指示灯为红色,则表示代码中有一些严重的错误。

图 1-27　PyCharm 的即时分析功能

正确书写完代码后，将鼠标指针放在 HelloWorld.py 文件名上，右击，在弹出的快捷菜单中选择 Run 'HelloWorld' 命令，或者单击界面右上方的绿色三角形图标，或者按 Ctrl+Shift+F10 键来运行这段代码，如图 1-28 所示。

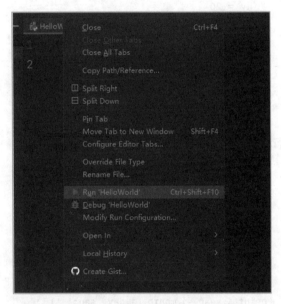

图 1-28　运行 Hello World 代码

运行结果如图 1-29 所示。

图 1-29　Hello World 代码运行结果

本 章 实 验

实验 1-1   命令执行方式实验

在 Python 的 IDLE 中,按照命令交互执行方式,完成如下任务。

1. 使用 Python 语句,依次输出如下内容。

```
Hi, Tim!
Welcome ...
Happy You!
```

2. 给出如下语句的运行结果。

```
x = 10
y = 20
z = x + y
print('X', '=', x)
print('Y', y, sep='=')
print('Sum=', z)
print(x, y, sep='+', end='=')
print(z)
```

3. 给出如下语句的运行结果。

```
import time

i = time.localtime(time.time())
print(time.strftime('%Y-%m-%d %H:%M:%S', i))
import datetime

j = datetime.datetime.now()
print(j)
print(j.year, j.month, j.day, sep='-')
print(j.hour, j.minute, j.second, sep=':')
```

实验 1-2   程序执行方式实验

在 Python 的 IDLE 中,按照程序执行方式,完成如下任务。

1. 运行如下程序,并按照提示依次输入:浙江、杭州和西湖。给出运行结果,并描述其功能。

```
a = input('请输入省份:')
b = input('请输入城市:')
c = input('请输入景点:')
s = a + '省' + b + '市' + c + '景点'
print('欢迎来到:', s)
```

2. 运行如下程序，然后给出运行结果，进而描述其功能。

```python
import time
sum = 0
for i in range(10):
    n = int(input('请输入整数:'))
    if n % 2 == 0:
        sum = sum + n
time.sleep(2)
print('Sum', sum, sep='=')
```

本 章 习 题

1. 简述 Python 提供的执行方式。
2. 简述 Python 的应用领域。

本 章 慕 课

微视频 1-1   本题重点：初识 Python。

题目：在屏幕输出 "Hello World!"。

微视频 1-1   Hello World

微视频 1-2   本题重点：感受 Python 的魅力。

题目：使用 Python 自带 turtle 库绘制有趣的正方形螺旋线。

微视频 1-2   有趣的正方形螺旋线绘制

第 2 章 基本程序框架与基本语法

本章的学习目标:

(1) 掌握 Python 语言的程序格式与基本语法。

(2) 了解 Python 语言的基本语句与基础函数。

电子教案:第 2 章
基本程序框架与基本
语法

2.1 Python 程序框架与标识符

　　Python 是一种面向对象的计算机编程语言。计算机编程语言和人们日常使用的自然语言有所不同,两者最大的区别在于表达的准确度。自然语言允许同样的语句在不同的语境下有不同的理解,而编程语言是计算机执行任务的依据,所以必须保证由编程语言写出的程序不能有任何歧义。同时,每一种编程语言都有一套自有的语法规则,编写完成后的程序代码交由编译器或者解释器把符合语法的程序代码转换成 CPU(central processing unit,中央处理器)能够执行的机器码,最后交由计算机执行。Python 也不例外,Python 程序的语法系统包括格式框架、注释、变量、表达式、分支语句、循环语句、函数等元素。

2.1.1 程序框架与注释

1. 程序框架

　　采用严格的"缩进"来表明程序的框架结构是 Python 语言的灵魂。缩进指的是每一行代码开始前的空白区,表示代码间的包含层次关系。可用 Tab 键实现缩进,也可用空格,但两者不能混用。缩进的严格要求使得 Python 代码显得非常简洁、有层次。

2. 注释

　　注释是编写程序时,程序员给一个语句、程序段、函数等的解释或说明,其目的是让阅读程序的人能够更加轻松地了解代码功能,提高程序代码的可读性。注释只是辅助性文字,不会被计算机编译执行。

　　注释分两种:单行注释和多行注释。

　　单行注释以 # 开头,回车结束;多行注释以 '''(3 个单引号)开头和结尾,如图 2-1 所示。

```
# 这是单行注释，不会被执行
print("Hello World!!!")
'''
print("See you next week.")    此三行被注释，不会被执行
print("See you next week.")
print("See you next week.")
'''
```

图 2-1 单行注释与多行注释

2.1.2 标识符命名规则与关键字

1. 标识符命名规则

Python 需要使用标识符给变量命名,其实标识符就是用于给程序中的变量、类、方法命名的符号(简单来说,标识符就是在 Python 语法中合法的名字)。

Python 语言的标识符必须以字母或下画线 "_" 开头,后面可以跟任意数目的字母、数字或下画线。

由于 Python 3 支持 UTF-8 字符集,因此 Python 3 的标识符可以使用 UTF-8 所能表示的多种语言的字符。所以上面所提到的字母并不局限于 26 个英文字母,还可以包含中文字符、日文字符等。

Python 是区分大小写的,因此 abc 和 Abc 是两个不同的标识符。

在使用标识符时,需要注意如下规则。

(1) 标识符可以由字母、数字和下画线 _ 组成,其中数字不能作为标识符的首字符。

(2) 标识符不能是 Python 关键字(也称保留字,详见下文),要求不能用这些保留字作为标识符给变量、函数、类、模板以及其他对象命名,但标识符可以包含关键字。

(3) 标识符不能包含空格。

(4) 标识符区分大小写。

如图 2-2 所示,举例说明一些变量的命名。

2. 关键字

关键字(keyword)也称保留字,是 Python 语言中一些已经被赋予特定意义的单词,一般不使用它们作为变量名。如果开发者尝试使用关键字作为变量名,Python 解释器会报错。Python 语言中一共有 33 个常用关键字,如图 2-3 所示。

- abc_xyz: 合法。
- HelloWorld: 合法。
- abc: 合法。
- xyz#abc: 不合法,标识符中不允许出现 "#" 号。
- abc1: 合法。
- 1abc: 不合法,标识符不允许数字开头。

图 2-2 合法与不合法的变量命名

and	as	assert	break	class	continue
def	del	elif	else	except	finally
for	from	False	global	if	import
in	is	lambda	nonlocal	not	None
or	pass	raise	return	try	True
while	with	yield			

图 2-3 Python 关键字

需要注意的是,由于 Python 是严格区分大小写的,关键字也不例外。所以,可以说 if 是保留字,但 IF 就不是保留字。

此外,Python 语法中还有一些 Python 解释器自带的函数,这类函数叫做内置函数,这些函数可以直接使用,不需要导入某个模块(详见本书第 6 章)。如果开发者使用内置函数的名字作为变量名,Python 解释器倒不会报错,只是该内置函数就被这个变量覆盖了,该内置函数将无法实现原有功能,所以一般也不建议使用内置函数名为标识符命名。Python 语言中常用的内置函数有 69 个,如图 2-4 所示。

abs()	delattr()	hash()	memoryview()	set()
all()	dict()	help()	min()	setattr()
any()	dir()	hex()	next()	slicea()
ascii()	divmod()	id()	object()	sorted()
bin()	enumerate()	input()	oct()	staticmethod()
bool()	eval()	int()	open()	str()
breakpoint()	exec()	isinstance()	ord()	sum()
bytearray()	filter()	issubclass()	pow()	super()
bytes()	float()	iter()	print()	tuple()
callable()	format()	len()	property()	type()
chr()	frozenset()	list()	range()	vars()
classmethod()	getattr()	locals()	repr()	zip()
compile()	globals()	map()	reversed()	__import__()
complex()	hasattr()	max()	round()	

图 2-4   Python 内置函数

2.2   基本语句与函数

2.2.1   赋值语句

Python 语言中，"="表示"赋值"，即将"="右侧的计算结果赋给左侧变量，包含"="的语句称为赋值语句。

Python 还支持同步赋值，即同时给多个变量赋值，形式如图 2-5 所示。

<变量 1>, ... ,<变量 n> = <表达式 1>, ... , <表达式 n>

图 2-5   Python 同步赋值

Python 处理同步赋值时，首先会运算右侧 n 个表达式的值，同时将表达式结果赋值给"="左侧的 n 个变量。赋值语句代码示例如图 2-6 所示，运行结果如图 2-7 所示。

```
x = 10
y = 3.6
z = True
w = 'Tom'
a, b, c, d = 10, 3.6, True, 'Tom'
i = j = k = a + x
print("x,y,z,w: ", x, y, z, w)
print("a,b,c,d: ", a, b, c, d)
print("i,j,k:", i, j, k)
```

图 2-6   赋值语句示例

```
x,y,z,w:  10 3.6 True Tom
a,b,c,d:  10 3.6 True Tom
i,j,k: 20 20 20
```

图 2-7　赋值语句示例运行结果

需要注意的是，在 Python 语言中，用两个连续的等号 "==" 表示等于，用一个单独的等号 "=" 表示赋值，用一个感叹号和一个等号搭配 "!=" 表示不等于。

2.2.2　print( ) 函数

print( ) 函数用于打印输出，是最常见的一个函数，可以用于输出字符串、数字、变量和各类组合数据类型等。print( ) 函数的语法和参数如图 2-8 所示。

```
print(*objects, sep=' ', end='\n', file=sys.stdout, flush=False)
```

图 2-8　print( ) 函数语法

参数说明：
（1）objects——可以一次输出一个或多个对象，对象包括字符串（需要用 "字符串" 进行分隔）、变量、数值等。当需要输出多个对象时，用 "," 来进行分隔。
（2）sep——用来间隔多个对象，默认值是一个空格。
（3）end——用来设定以什么结尾。默认值是换行符 \n，也可以换成其他字符串。
（4）file——要写入的文件对象。
（5）flush——是否强制刷新流。flush 取值为 True 时，流会被强制刷新。
print( ) 函数的代码示例如图 2-9 所示。

```
>>> print("Hello")              #输出字符串
Hello
>>> print("Hello","World")     #输出多个对象
Hello World
>>> print("Hello","World",sep='!')      #输出多个对象且用！间隔
Hello!World
>>> print("Hello","World",end='!')      #输出多个对象且用！结尾
Hello World!
>>> print(100)                  #输出数字
100
>>> str = "HelloWorld"
>>> print(str)                  #输出变量
HelloWorld
>>> L = [1,2,'a']
>>> print(L)                    #输出列表
[1, 2, 'a']
>>> t = (1,2,'a')
>>> print(t)                    #输出元组
(1, 2, 'a')
>>> d = {'a':1,'b':2}
>>> print(d)                    #输出字典
{'a': 1, 'b': 2}
```

图 2-9　print( ) 函数代码示例和输出结果

print( ) 函数支持参数格式化,格式控制符和转换说明符用 % 分隔,print( ) 函数参数格式化的代码示例和输出结果如图 2-10 所示。

```
>>>str = "the length of (%s) is %d" %('runoob',len('runoob'))
>>> print(str)
the length of (runoob) is 6
```

图 2-10   print( ) 函数参数格式化代码示例和输出结果

观察上面的例子可以总结如下。

(1) 无论什么类型的数据,包括但不局限于数值型、布尔型、列表、字典等都可以使用 print( ) 函数直接输出。

(2) % 符号标志着转换说明符的开始,Python 语言中常用的格式字符和辅助指令如表 2-1 和表 2-2 所示。

(3) Python 中格式控制符和转换说明符用 % 分隔。

表 2-1   格 式 字 符

格式字符	描述
%c	格式化字符及其 ASCII 码
%s	格式化字符串
%d	格式化整数
%u	格式化无符号整型
%o	格式化无符号八进制数
%x	格式化无符号十六进制数
%X	格式化无符号十六进制数(大写)
%f	格式化浮点数字,可指定小数点后的精度
%e	用科学计数法格式化浮点数

表 2-2   格式字符辅助指令

格式字符	描述
*	定义宽度或者小数点精度
-	用作左对齐
+	在正数前面显示加号(+)
<sp>	在正数前面显示空格
#	在八进制数前面显示零('0'),在十六进制数前面显示 '0x' 或者 '0X'(取决于用的是 'x' 还是 'X')
0	显示的数字前面填充 '0' 而不是默认的空格
%	'%%' 输出一个单一的 '%'
(var)	映射变量(字典参数)
m.n	m 是显示的最小总宽度,n 是小数点后的位数

格式化输出浮点数代码示例和输出结果如图 2-11 所示。

```
>>>pi = 3.141592653
>>> print('%10.3f' % pi) #字段宽10，精度3
     3.142
>>> print("pi = %.*f" % (3,pi)) #用*从后面的元组中读取字段宽度或精度
pi = 3.142
>>> print('%010.3f' % pi) #用0填充空白
000003.142
>>> print('%-10.3f' % pi) #左对齐
3.142
>>> print('%+f' % pi) #显示正负号
+3.141593
```

图 2-11　格式化输出浮点数代码示例和输出结果

格式化输出十六进制、十进制、八进制数代码示例和输出结果如图 2-12 所示。

```
>>>nHex = 0xFF
>>> print("nHex = %x,nDec = %d,nOct = %o" %(nHex,nHex,nHex))
nHex = ff,nDec = 255,nOct = 377
```

图 2-12　格式化输出十六进制、十进制、八进制数代码示例和输出结果

2.2.3　input( ) 和 eval( ) 函数

1. input( ) 函数

input( ) 函数接受一个标准的由用户输入的数据，返回值类型为字符串 String 类型。如图 2-13 所示为 input( ) 函数的语法。

```
input([prompt])
```

图 2-13　input( ) 函数语法

参数说明：

prompt——提示信息。

input 语句代码示例和输出结果如图 2-14 和图 2-15 所示。

```
a=input("请输入您的姓名：")        #使用input()函数将用户输入内容赋值给变量a
print(a)
print(type(a))                    #查看变量a的数据类型
```

图 2-14　input( ) 函数代码示例

```
请输入您的姓名：ZJGSUer
ZJGSUer
<class 'str'>
```

图 2-15　input( ) 函数代码示例输出结果

2. eval( ) 函数

eval( ) 函数在 Python 中的用法十分灵活,它用来执行一个字符串表达式,并返回表达式的值。eval( ) 函数的语法如图 2-16 所示。

```
eval(expression[, globals[, locals]])
```

图 2-16　eval( ) 函数语法

参数说明:

(1) expression——表达式。

(2) globals——变量作用域,全局命名空间,如果被提供,则必须是一个字典对象。

(3) locals——变量作用域,局部命名空间,如果被提供,可以是任何映射对象。

eval( ) 函数代码示例和输出结果如图 2-17 所示。

2.2.4　条件语句

条件语句或条件控制语句,又称 if 语句,是通过对一条或多条语句的执行结果的判定(True 或 False),来决定接下来执行的代码块。其基本执行逻辑如图 2-18 所示。

```
>>> x=7
>>> eval('3 * x')
21
>>> eval('pow(2,2)')
4
>>> eval('2 + 2')
4
>>> n=81
>>> eval('n + 4')
85
>>> x,y = eval(input("x,y="))
x,y=>? 1,2
>>> print("x=",x,"y=",y)
x= 1 y= 2
```

图 2-17　eval( ) 函数代码示例和输出结果

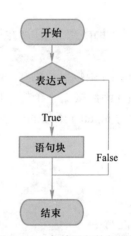

图 2-18　条件语句执行逻辑

Python 中使用 if 语句控制程序的执行,基本形式如图 2-19 所示。

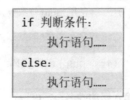

图 2-19　if语句基本形式

其中"判断条件"成立时(True),则执行后面的语句或语句块,而执行内容可以多行,以缩进来区分表示同一范围。else 为可选语句,当条件不成立时(False),则执行相关语句。if 语句的基本形式代码示例和输出结果如图 2-20 和图 2-21 所示。

```
flag = False
name = 'luren'
if name == 'python':          #判断变量是否为 python
    flag = True               #条件成立时设置标志为真
    print('welcome boss')     #并输出欢迎信息
else:
    print(name)               #条件不成立时输出变量名称
```

图 2-20　if 语句基本形式代码示例

```
luren              # 输出结果
```

图 2-21　if 语句基本形式代码示例输出结果

if 语句的判断条件可以用 >(大于)、<(小于)、==(等于)、>=(大于或等于)、<=(小于或等于)来表示其关系。

当判断条件为多个值时,可以使用如图 2-22 所示形式。

当"判断条件 1"为 True,将执行"执行语句 1";

当"判断条件 1"为 False,则执行"判断条件 2";

当"判断条件 2"为 True,将执行"执行语句 2";

当"判断条件 2"为 False,则执行"判断条件 3";

当"判断条件 3"为 True,将执行"执行语句 3";

当"判断条件 3"为 False,则执行"执行语句 4"。

if 语句的多个判断条件代码示例和输出结果如图 2-23 图 2-24 所示。

图 2-22　if 语句的多个判断条件形式

图 2-23　if 语句的多个判断条件代码示例

```
roadman              # 输出结果
```

图 2-24　if 语句的多个判断条件代码输出结果

需要注意以下几点。

(1) Python 语言指定任何非 0 和非空（null）值为 True，0 或者 null 为 False。

(2) 每个条件后面要使用冒号"："，表示接下来是满足条件后要执行的语句块。

(3) Python 是通过缩进来控制结构块的，相同缩进数的语句在一起组成一个语句块。

2.2.5　循环语句

当需要将一个语句或者语句块执行多次时，不可能将同样的代码书写多遍，这样既烦琐，又不利于维护，循环语句就应运而生。循环语句有 while 循环和 for 循环两种形式。

1. while 循环

Python 语言中 while 语句用于循环执行程序，即在符合某条件的情况下，循环执行某段程序，以处理需要重复处理的相同任务。while 语句基本语法形式如图 2-25 所示。

判断条件可以是任何表达式，任何非零或非空（null）的值均为 True。执行语句可以是单个语句或语句块。当判断条件为假（False）时，循环结束。其基本执行逻辑如图 2-26 所示。

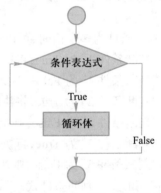

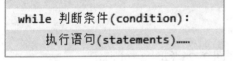

图 2-25　while 语句基本语法形式　　　　　图 2-26　while 语句执行逻辑

while 语句的代码示例和输出结果如图 2-27 和图 2-28 所示。

```
count = 0
while (count < 9):
    print("The count is: %d" % (count))
    count = count + 1

print('Good bye!')
```

```
The count is: 0
The count is: 1
The count is: 2
The count is: 3
The count is: 4
The count is: 5
The count is: 6
The count is: 7
The count is: 8
Good bye!
```

图 2-27　while 语句代码示例　　　　　图 2-28　while 语句代码示例输出结果

使用 while 语句时还有另外两个重要的命令，即 continue 和 break，这两个命令均用于跳过循环,continue 用于跳过该次循环,break 则用于退出循环,此外"判断条件"还可以是个常值,表示循环永远成立,具体用法如图 2-29 所示。

```
i = 1
while i < 10:
    i += 1
    if i%2 > 0:        #非双数时跳过输出
        continue
    print(i)           #输出双数2、4、6、8、10

i = 1
while 1:               #循环条件为1时必定成立
    print(i)           #输出1~10
    i += 1
    if i > 10:         #当i大于10时跳出循环
        break
```

图 2-29　while 语句中 continue 和 break 的用法

在 while 循环正常执行完的情况下,执行 else 语句块,如果 while 循环中执行了跳出循环的语句,比如 break,将不执行 else 语句块的内容。具体示例和输出结果如图 2-30 和图 2-31 所示。

```
count = 0
while count < 5:
    print(count,"is less than 5")
    count = count + 1
else:
    print(count,"is not less than 5")
```

图 2-30　while…else 语句代码示例

```
0 is less than 5
1 is less than 5
2 is less than 5
3 is less than 5
4 is less than 5
5 is not less than 5
```

图 2-31　while…else 语句代码示例输出结果

2. for 循环

Python for 循环可以遍历任何序列的项目,如一个列表或者一个字符串。具体语法如图 2-32 所示。

```
for iterating_var in sequence:
    statements(s)
```

图 2-32　for 语句基本形式

其基本执行逻辑如图 2-33 所示。

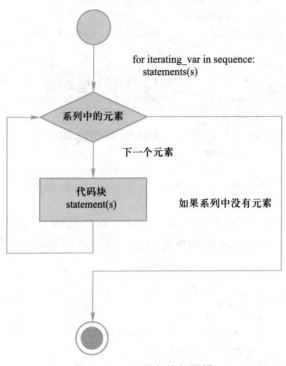

图 2-33　for 语句执行逻辑

for 语句的具体示例和输出结果如图 2-34 和图 2-35 所示。其中,%s 代表格式化输出一个字符串变量。

```
for letter in 'Python':      # 第一个示例
    print("当前字母: %s" % letter)

fruits = ['banana', 'apple',  'mango']
for fruit in fruits:         # 第二个示例
    print ('当前水果: %s'% fruit)

print ("Good bye!")
```

| 当前字母: P |
| 当前字母: y |
| 当前字母: t |
| 当前字母: h |
| 当前字母: o |
| 当前字母: n |
| 当前水果: banana |
| 当前水果: apple |
| 当前水果: mango |
| Good bye! |

图 2-34　for 语句代码示例   图 2-35　for 语句代码示例输出结果

本 章 实 验

实验 2-1　基本输入与输出实验

自学掌握 format( ) 函数的用法,并给出如下语句的运行结果。

```
x = 'B'
y = 66
z = 66.66
u = 6.6 + 6j
v = True
w = 'Happy!'
print('%c%6c%-6c%c' % (x, ord(x) + (not False), x, ord(x) + True))
print('%-6s%6s' % (y, y), format(y, '^6'), w, sep='*')
print(w, format(z, '12.2f'), format(-z, '0=-12'), x, sep='$')
print('Ok,{0:<9c},{1:^9d},{2:6.1f}Ok'.format(y, y, z), u, sep='H')
```

实验 2-2　程序设计实验

按照要求,完成如下程序设计。

1. 计算整数长度。从键盘输入一个整数 n,计算并输出 n 的长度。

2. 从键盘输入实数 x,计算并输出 y。

$$y = \begin{cases} x^2 - 5x + 9 & x \geq 0 \\ x^2 + 5x - 9 & x < 0 \end{cases}$$

3. 从键盘输入实数 x,计算并输出符号函数 sign(x) 的值。

$$\text{sign}(x) = \begin{cases} -1 & x < 0 \\ 0 & x = 0 \\ 1 & x > 0 \end{cases}$$

本 章 习 题

1. 解释关键字和标识符。

2. 简述 Python 中程序设计的几种基本结构。

3. 简述循环结构的两种类型和基本逻辑。

4. 简述 continue 和 break 的用法。

5. 简述条件结构和循环结构的混合嵌套,并举例说明。

本 章 慕 课

微视频 2-1　本题重点:赋值语句的使用。

题目:给出如图 2-36 所示语句的输出结果并理解赋值语句的用法。

```
x = 1
y = 2
print(x, y)
x, y = 3, 4
print(x, y)
x, y = y, x
print(x, y)
x = y = 10
print(x, y)
x += 2
print(x, y)
```

图 2-36　赋值语句

微视频 2-1　变量赋值实例

微视频 2-2　本题重点:使用 input( ) 函数和 print( ) 函数实现求和。

题目:读入两个整数 A 和 B,然后输出它们的和。

输入格式:在一行中给出整数 A,在另一行中给出整数 B。

输出格式:在一行中输出和值。

微视频 2-2　从键盘输入两个数,求它们的和并输出

微视频 2-3　本题重点:input( ) 函数和 eval( ) 函数的混合使用,列表的使用(详见第 4 章)。

题目:使用 input( ) 函数进行输入,使用 eval( ) 函数将输入的 string 类型转换为 list 类型。在一行中输入一个数字列表(该列表中无嵌套层次),输出列表元素的和。

输入格式:在一行中输入列表。

输出格式:在一行中输出列表元素的和。

输入样例:[3,8,-5]

输入样例:-2"

微视频 2-3　输入列表,求列表元素和(eval 输入应用)

微视频 2-4　本题重点：使用基本的单分支 if 语句。

题目：判定一个给定的正整数 x 是否为偶数。

1. 若 x 是偶数就输出 x，不是则无输出。

2. 若 x 是偶数就输出"x 是偶数"，否则输出"x 是奇数"。

微视频 2-4　判断 x 是否为偶数

微视频 2-5　本题重点：使用二分支 if 语句，同时引用内置运算操作符 and。

题目：输入整数 A、B（A≤B）和 x，判断 x 是否位于 [A,B] 区间上。

若位于区间内，则输出"x 位于 [A,B] 区间内"，否则，输出"x 位于 [A,B] 区间外"。

微视频 2-5　判断该数是否在指定区间内

微视频 2-6　本题重点：使用 while 循环语句，实现多个连续自然数的求和。

题目：计算并输出前 100 个自然数之和。

微视频 2-6　计算前 100 个自然数之和

微视频 2-7　本题重点：使用 while-if 语句嵌套，在上题的基础上添加判定条件。

题目：计算并输出前 100 个自然数中不能被 3 整除的自然数之和。

微视频 2-7　计算前 100 个自然数中不能被 3 整除的自然数之和

程序源代码：第 2 章

第 3 章   基本数据类型、运算符与运算函数

本章的学习目标：
(1) 掌握 3 种基本数据类型 Number(数字)、String(字符串)、Bool(布尔)的定义与使用方法。
(2) 掌握基本运算符、运算函数以及各种数据类型转换方法和 math 库的使用。

在 Python 3 中，有 7 个标准的数据类型：Number(数字)、String(字符串)、Bool(布尔)、List(列表)、Tuple(元组)、Set(集合)、Dictionary(字典)。其中前 3 种称为基本数据类型，本章先介绍前 3 种，其余 4 种组合数据类型将在第 4 章详细介绍。

电子教案：第 3 章
基本数据类型、运算符
与运算函数

3.1 Number(数字)

在 Python 语言中，表示数字或数值的数据类型称为数字型，即 Number 型。数字型又分为整数、浮点数和复数 3 种类型，分别对应数学中的整数、实数和复数。

3.1.1 整数类型(int)

整型即为数学中定义的整数，Python 3 的整型已经与长整型进行无缝结合，长度不受限制。整数类型通常以正负号开头(正号可省略)，后接阿拉伯数字。具体包括十进制、二进制、八进制和十六进制等。
(1) 十进制数：以正负号开头，后接阿拉伯数字 0,1,2,…,9。
(2) 二进制数：以正负号和 0b(或 0B)开头，后接阿拉伯数字 0 和 1。
(3) 八进制数：以正负号和 0o(或 0O)开头，后接阿拉伯数字 0,1,2,…,7。
(4) 十六进制数：以正负号和 0x(或 0X)开头，后接阿拉伯数字 0,1,2,…,9 以及字母 A、B、……、F。
注意：type( ) 函数用于返回括号内参数的数据类型。
整数类型示例及运行结果如图 3-1 所示。

```
>>> print(19, +19, -19, type(19))
    19 19 -19 <class 'int'>
>>> print(0b100, +0b100, -0b100, type(0b100))
    4 4 -4 <class 'int'>
>>> print(0o17, +0o17, -0o17, type(0o17))
    15 15 -15 <class 'int'>
>>> print(0x1F, +0x1F, -0x1F, type(0x1F))
    31 31 -31 <class 'int'>
...
```

图 3-1   整数类型示例及运行结果

如果需要将十进制的整数按照二进制、八进制和十六进制转换，则可以分别使用函数 bin( )、oct( ) 和 hex( )，注意使用 bin( )、oct( ) 和 hex( ) 函数转换后的数据类型为字符串。整数类型转换示例及运行结果如图 3-2 所示。

```
>>> print(100, type(100), bin(100), oct(100), hex(100), type(hex(100)))
100 <class 'int'> 0b1100100 0o144 0x64 <class 'str'>
```

图 3-2　整数类型转换示例及运行结果

3.1.2　浮点数类型（float）

浮点数就是数学中定义的小数，例如圆周率 3.14 就是一个浮点型数据。Python 区分整型和浮点型的唯一方式就是查看有没有小数点。浮点数有两种表示方法：十进制表示和科学计数法，通常以正负号开头，后接数字、小数点、浮点数标识 e 或 E 等组成，其中 e 的前后分别为数字部分和指数部分，两者必须同时出现，且指数部分必须为整数。浮点数类型示例及运行结果如图 3-3 所示。

```
>>> print(10.6, -10.6, 6e2, 1.6E-2, type(10.6))
10.6 -10.6 600.0 0.016 <class 'float'>
```

图 3-3　浮点数类型示例及运行结果

3.1.3　复数类型（complex）

复数类型即为数学中定义的复数，复数是由一个实数和一个虚数组合构成，表示为 $x+yj$。一个复数是一对有序浮点数 (x,y)，其中 x 是实数部分，y 是虚数部分。

需要注意以下几点。

（1）虚数不能单独存在，它们总是和一个值为 0.0 的实数部分一起构成一个复数。

（2）表示虚数的语法：real+imagej。

（3）实数部分和虚数部分都是浮点数。

（4）虚数部分必须有后缀 j 或 J。复数类型示例如图 3-4 所示，示例结果如图 3-5 所示。

```
c = 123 - 12j
print("c.real: ", c.real)
print("c.imag: ", c.imag)
```

```
c.real:   123.0
c.imag:   -12.0
```

图 3-4　复数类型示例　　　　　　　图 3-5　复数类型示例运行结果

复数属性：real（复数的实部）、imag（复数的虚部）、conjugate( )（返回复数的共轭复数）。

3.2　String（字符串）

字符串是 Python 中最常用的数据类型。可以使用定界符——引号来创建字符串。Python

提供了两种定界符：单引号和双引号（' 和 "）。

需要注意以下几点。

（1）如果某种定界符本身就是字符串的组成部分，则应该选择另一种定界符。

（2）定界符必须配对使用。

（3）Python 3 允许一个字符串跨多行，字符串中可以包含换行符、制表符以及其他特殊字符。

（4）使用三个单引号（或双引号），可以创建多行字符串。

字符串类型的创建示例如图 3-6 所示，运行结果如图 3-7 所示。

```
str1 = 'Hello World!!!'
str2 = "Hello World!!!"
str3 = "Hello to 'my' World!!!"
str4 = '''"hello" to
'my'
world'''
print("str1:", str1)
print("str2:", str2)
print("str3:", str3)
print("str4:", str4)
```

图 3-6　字符串类型的创建示例

```
str1: Hello World!!!
str2: Hello World!!!
str3: Hello to 'my' World!!!
str4: "hello" to
'my'
world
```

图 3-7　字符串类型的创建示例运行结果

对于字符串直接可以进行一些基本的操作，如连接、截取、判断是否包含（是否是子串）等，基本的字符串操作符如表 3-1 所示。

表 3-1　字符串操作符

操作符	描述
+	字符串连接
*	重复输出字符串
[]	通过索引获取字符串中的字符
[:]	截取字符串中的一部分，遵循左闭右开原则，例如 str[0:2]，标识从该字符串的第 0 位截取到第 2 位，不包含第 3 个字符
in	子串运算符：如果字符串中包含给定的字符，则返回 True
not in	子串运算符：如果字符串中不包含给定的字符，则返回 True
r/R	原始字符串：所有的字符串都是直接按照字面的意思来使用，没有转义特殊或不能打印的字符。原始字符串除在字符串的第一个引号前加上字母 r（或 R）以外，与普通字符串有着几乎完全相同的语法

基本字符串操作符示例如图 3-8 所示，运行结果如图 3-9 所示。

```
a= "Hello"
b= "Python "
print("a + b 输出结果: ", a + b)
print("a * 2 输出结果: ", a * 2)
print("a[1] 输出结果: ", a[1])
print("a[1:4] 输出结果: ", a[1:4])
print(b.split('y'))
print(b.split(' '))
if ("H" in a):
    print("H 在变量 a 中")
else:
    print("H 不在变量 a 中")
if ("M" not in a):
    print("M 不在变量 a 中")
else:
    print("M 在变量 a 中")
print(r'\n')
print(R'\n')
```

```
a + b 输出结果: HelloPython
a * 2 输出结果: HelloHello
a[1] 输出结果: e
a[1:4] 输出结果: ell
['P', 'thon ']
['Python', '']
H 在变量 a 中
M 不在变量 a 中
\n
\n
```

图 3-8 基本字符串操作符示例   图 3-9 基本字符串操作符示例运行结果

转义字符:不能直接输入的特殊字符。转义字符以反斜杠(\)开头,后接特定字符。常用的转义字符如表 3-2 所示。

表 3-2 Python 转义字符

转义字符	描述
\(在行尾时)	续行符
\\	反斜杠符号
\'	单引号
\"	双引号
\000	空
\n	换行
\r	回车,将 \r 后面的内容移到字符串开头,并逐一替换开头部分的字符,直至将 \r 后面的内容完全替换

3.3 Bool(布尔)

布尔型(逻辑型),用于表示逻辑判断的结果。布尔型只能是 True 和 False,分别用于标识逻辑真和逻辑假。

布尔型数据也可以参加算术运算。在 True 和 False 参加运算时,分别取值整数 1 和 0。

注意:True 和 False 是区分大小写的。

3.4 基本运算符与运算函数

Python 提供了丰富的内置运算操作符(运算符)、运算函数和类型转换函数等。

3.4.1 内置运算操作符

1. 算术运算符

Python 包括 9 种基本算术运算符,几乎和大家熟知的数学运算符一样,如表 3-3 所示。

表 3-3 算术运算符

操作符	表达式	描述
+	x + y	加操作:两个对象相加
−	x − y	减操作:两个对象相减
*	x*y	乘操作:两个数相乘
/	x/y	除操作:x 除以 y
%	x%y	取模操作:返回除法的余数
**	x**y	幂操作:返回 x 的 y 次幂
//	x//y	取整除操作:向下取接近商的整数
−	−x	x 的负值:即 x*(−1)
+	+x	x 本身

基本运算规则如下。

(1) 整数之间运算,如果其结果数学意义上是小数,输出结果是浮点数。

(2) 整数之间运算,如果其结果数学意义上是整数,输出结果是整数。

(3) 整数和浮点数混合运算,输出结果为浮点数。

(4) 整数或浮点数与复数运算,输出结果为复数。

基本算术运算符示例如图 3-10 所示,运行结果如图 3-11 所示。

```
x = 520
y = 14
print("x+y= ", x + y)
print("x-y= ", x - y)
print("x*y= ", x * y)
print("x/y= ", x / y)
print("x%y= ", x % y)
print("x**y= ", x ** y)
print("x//y= ", x // y)
print("-x= ", -x)
print("+x= ", +x)
```

```
x+y=  534
x-y=  506
x*y=  7280
x/y=  37.142857142857146
x%y=  2
x**y=   105693142553882052159078400000000000000
x//y=  37
-x=  -520
+x=  520
```

图 3-10 算术运算符示例   图 3-11 算术运算符示例运行结果

2. 比较运算符

常用的比较运算符如表 3-4 所示。

表 3-4　比较运算符

运算符	表达式	描述
==	x == y	x 等于 y：比较两对象是否相等
!=	x != y	x 不等于 y：比较两对象是否不相等
>	x > y	x 大于 y：返回 x 是否大于 y
<	x < y	x 小于 y：返回 x 是否小于 y。所有比较运算符返回 1 表示真,返回 0 表示假。这分别与特殊的变量 True 和 False 等价。注意,这些变量名首字母大写
>=	x >= y	x 大于或等于 y：返回 x 是否大于或等于 y
<=	x <= y	x 小于或等于 y：返回 x 是否小于或等于 y

比较运算符示例如图 3-12 所示,运行结果如图 3-13 所示。

```
a = 21
b = 10
if (a == b):
    print("1: a 等于 b")
else:
    print("1: a 不等于 b")

if (a != b):
    print("2: a 不等于 b")
else:
    print("2: a 等于 b")

if (a < b):
    print("3: a 小于 b")
else:
    print("3: a 大于等于 b")

if (a > b):
    print("4: a 大于 b")
else:
    print("4: a 小于等于 b")
# 修改变量 a 和 b 的值
a = 5
b = 20
if (a <= b):
    print("5: a 小于等于 b")
else:
    print("5: a 大于  b")

if (b >= a):
    print("6: b 大于等于 a")
else:
    print("6: b 小于 a")
```

图 3-12　比较运算符示例

```
1: a 不等于 b
2: a 不等于 b
3: a 大于等于 b
4: a 大于 b
5: a 小于等于 b
6: b 大于等于 a
```

图 3-13　比较运算符示例运行结果

3. 逻辑运算符

常用的逻辑运算符如表 3-5 所示。

表 3-5　逻辑运算符

运算符	逻辑表达式	描述
and	x and y	布尔"与"：如果 x 为 False，返回 x 的值，否则返回 y 的计算值
or	x or y	布尔"或"：如果 x 是 True，返回 x 的值，否则返回 y 的计算值
not	not x	布尔"非"：如果 x 为 True，返回 False。如果 x 为 False，返回 True

逻辑运算符示例如图 3-14 所示，运行结果如图 3-15 所示。

```
a = 10
b = 20

if (a and b):
    print("1: 变量 a 和 b 都为 true")
else:
    print("1: 变量 a 和 b 有一个不为 true")

if (a or b):
    print("2: 变量 a 和 b 都为 true，或其中一个变量为 true")
else:
    print("2: 变量 a 和 b 都不为 true")
```

```
# 修改变量 a 的值
a = 0
if (a and b):
    print("3: 变量 a 和 b 都为 true")
else:
    print("3: 变量 a 和 b 有一个不为 true")

if (a or b):
    print("4: 变量 a 和 b 都为 true，或其中一个变量为 true")
else:
    print("4: 变量 a 和 b 都不为 true")

if not (a and b):
    print("5: 变量 a 和 b 都为 false，或其中一个变量为 false")
else:
    print("5: 变量 a 和 b 都为 true")
```

图 3-14　逻辑运算符示例

```
1: 变量 a 和 b 都为 true
2: 变量 a 和 b 都为 true，或其中一个变量为 true
3: 变量 a 和 b 有一个不为 true
4: 变量 a 和 b 都为 true，或其中一个变量为 true
5: 变量 a 和 b 都为 false，或其中一个变量为 false
```

图 3-15　逻辑运算符示例运行结果

3.4.2   内置运算函数

Python 的内置函数中有 6 个与数值运算相关的常用函数,如表 3-6 所示。

表 3-6   内置数值运算函数

函数	描述
abs(x)	返回数字的绝对值
divmod(x,y)	divmod( ) 函数接收两个数字类型(非复数)参数,返回一个包含商和余数的元组 (a // b, a % b)
max(x1,x2,⋯)	返回给定参数的最大值,参数可以为序列
min(x1,x2,⋯)	返回给定参数的最小值,参数可以为序列
pow(x,y)	x^y 运算后的值
round(x[,n])	返回浮点数 x 的四舍五入值,如给出 n 值,则代表舍入到小数点后的位数

内置数值运算函数示例如图 3-16 所示,运行结果如图 3-17 所示。

```
a = abs(-3 + 4j)
print("c: ", a)
b = 3
print("d:", pow(3, 4))
x = min(1, 2, 3, 4)
y = max(1, 2, 3, 4)
print("min=", x)
print("max=", y)
```

```
c:  5.0
d: 81
min= 1
max= 4
```

图 3-16   内置数值运算函数示例   图 3-17   内置数值运算函数示例运行结果

3.4.3   数据类型转换函数

在特定的场景下,经常需要对数据类型进行转换,常用的数据类型转换函数如表 3-7 所示。

表 3-7   数据类型转换函数

函数	描述
int(x)	将 x 转换为一个整数
float(x)	将 x 转换为一个浮点数
complex(x)	将 x 转换为一个复数,实数部分为 x,虚数部分为 0
complex(x,y)	将 x 和 y 转换为一个复数,实数部分为 x,虚数部分为 y。x 和 y 是数字表达式

内置数值类型转换函数示例如图 3-18 所示,运行结果如图 3-19 所示。

```
a = 1.2
b = 2
c = 10.99
print("int(a):", int(a))
print("float(b):", float(b))
print("complex(c):", complex(c))
```

```
int(a): 1
float(b): 2.0
complex(c): (10.99+0j)
```

图 3-18　内置数值类型转换函数示例　　图 3-19　内置数值类型转换函数示例运行结果

3.4.4　math 库的使用

math 库是 Python 提供的内置数字类函数库,math 库仅支持整数和浮点数计算。math 库包含 4 个数学常数、44 个函数(分 4 类:16 个数值表示函数,8 个幂对数函数,16 个三角对数函数,4 个高等特殊函数)。

math 库不能直接使用,需使用 import 引用该库,有以下两种方式。

第一种:

```
import math
```

使用 math 库中的函数时采用 math.<function>( ) 形式使用。

第二种:

```
from math import *
```

使用此方式时,math 库中的所有函数可采用 <function>( ) 形式直接使用。

(1) math 库数学常数函数如表 3-8 所示。

表 3-8　数学常数函数

函数	数学表示	描述
math.pi	Π	数学常数 π=3.141 592 …,精确到可用精度
math.e	e	数学常数 e=2.718 281 …,精确到可用精度
math.inf	∞	浮点正无穷大

(2) math 库数值表示函数如表 3-9 所示。

表 3-9　数值表示函数

函数	数学表示	描述
math.fabs(x)	|x|	返回 x 的绝对值

续表

函数	数学表示	描述
math.factorial(x)	x!	以一个整数返回 x 的阶乘。如果 x 不是整数或为负数,则引发 ValueError 异常
math.floor(x)	⌊x⌋	返回 x 的向下取整,小于或等于 x 的最大整数
math.fmod(x,y)	x%y	返回 x 与 y 的模
math.isclose(a,b)		若 a 和 b 的值比较接近,则返回 True,否则返回 False
math.modf(x)		返回 x 的小数和整数部分。两个结果都带有 x 的符号并且是浮点数

(3)math 库幂对数函数如表 3-10 所示。

表 3-10 幂对数函数

函数	数学表示	描述
math.pow(x,y)	x^y	返回 x 的 y 次幂
math.sqrt(x)	$\sqrt{x}$	返回 x 的平方根

本 章 实 验

实验 3-1   基本数据类型实验

1. 给出如下语句的运行结果。

```
a = 1
b = 2
c = 3
print('a=', a, 'b=', b, 'c=', c)
age = 25
sex = '男'
sala = 6000
mar = True
du = '教授'
print('年龄: ', age, '性别: ', sex, '工资: ', sala, '婚否: ', mar, '职称: ', du)
print(a < b and age <= 25 or sala >= 5000 and not mar)
print(age >= 20 and sala <= 9000 and not mar and (a + b) > c)
print(c > b and du == '教授' or mar and not sex == '女')
print((a + b) ^ 2 * c + len('China->' + '浙江' + 'chr(88)' + '杭州') + True + False)
```

2. 给出如下语句的运行结果并准确描述各运算符和函数的功能。

```
x = 796
print('x=', x)
i = x % 10
j = x // 10 % 10
k = x // 100
print('i=', i, 'j=', j, 'k=', k)
y = 100 * i + 10 * j + k
print('y=', y)
x = 518
print('x=', x)
s = str(x)
t = s[2] + s[1] + s[0]
y = int(t)
print('y=', y)
```

```
x = 192837465
print('x=', x, type(x))
s = list(str(x))
print('s=', s)
s.reverse()
print('t=', s)
t = ''.join(s)
print('y=', t, type(t))
y = int(t)
print('y=', y, type(y))
```

实验 3-2   表达式实验

给出如下公式的 Python 表达式,并自行验证其正确性。

1. $$\frac{7+9\mathrm{i}+2x\cos 66°}{x+\dfrac{x-y}{x+y}+6}$$

2. $$e^{b\sqrt{\frac{\pi}{2}}}+\frac{-b+\sqrt{b^2-4ac}}{2a}+\frac{\log_{10}(|a+b|)+\dfrac{a}{b}}{\ln(a^b+100)}$$

3. $250 \times 2 + 38 - 17.868\,6$

实验 3-3   math 库的使用

从键盘任意输入三个复数,且复数对应的点不在一条直线上,计算三边的中点及其构成的三角形的面积。其公式如下:

$$s=\sqrt{p(p-a)(p-b)(p-c)}\,;\quad p=\frac{a+b+c}{2}$$

本 章 习 题

1. 简述 Python 的基本数据类型和组合数据类型。

2. 解释常量，简述常量的类型。

3. 解释表达式，给出常用的运算符。简述表达式的类型。

4. 简述数据的输入方法。

5. 简述数据的输出方法。

6. 解释字符串、子串、空串、空格串和转义字符，简述字符串的定界符。

本 章 慕 课

微视频 3-1　本题重点：了解常量具体包括的类型。

题目：代码如图 3-20 所示。

```python
print(19, type(19))
print(0b1001, type(0b1001))
print(0o11, type(0o11))
print(-0x1A, type(0x1A))
print(10.0, type(10.0))
print(0 + 1j, type(0 + 1j))
print("OK", type("OK"))
print(True, type(True))
```

图 3-20　输出常量的代码

微视频 3-1　输出常量并判断其数据类型

微视频 3-2　本题重点：

(1) 使用 Python 内置运算函数 pow( ) 实现次方数计算。

(2) 使用 math 库模块内置的 sqrt( ) 函数，计算平方根。

题目：求长为 6、宽为 8 的矩阵的对角线长。

微视频 3-2　矩阵对角线

微视频 3-3　本题重点:使用内置运算操作符实现数字的取余和取商。

题目:输入一个三位数 n,计算 n 的各个位数之和。

微视频 3-3　计算三位数的各个位数之和

微视频 3-4　本题重点:使用 for-if 循环选择语句实现字符串的记录。

题目:输入 N 个字符串,求长度最长的字符串。

输入格式:在一行中给出正整数 $N(0 \leqslant N \leqslant 10)$,依次输入 N 个字符串。

输出格式:在第一行中输出最长字符串,在第二行中输出最长字符串的长度。

微视频 3-4　最长字符串

微视频 3-5　本题重点:

(1) 使用简单的混合嵌套语句。

(2) 使用内置字符串处理函数,实现字符与 ASCII 码值的转换。

题目:输入字符串 s,将其包含的小写字母转换为大写字母,大写字母转换为小写字母,其余不变。

微视频 3-5　小写转大写

微视频 3-6　本题重点:使用 for 循环语句,倒序遍历字符串每个字符,也可使用切片的方法完成。

题目:输入一个字符串,倒序输出。

微视频 3-6　逆序输出字符串

微视频 3-7　本题重点:input( ) 函数、split( ) 函数、map( ) 函数的混合使用。

题目:在同一行依次输入三个整数 a、b、c,用空格分开,输出 b×b-4×a×c 的值。

（1）使用 input( ) 函数实现一行依次输入多个值，使用 split( ) 方法对字符串进行切片。

（2）同时对多个输入值进行类型转换，使用 map( ) 函数。

输入格式：在一行中输入三个整数。

输出格式：在一行中输出公式计算的值。

微视频 3-7　从键盘输入三个数到 a、b、c 中，按公式值输出

微视频 3-8　本题重点：使用内置运算符让字符串与整数相乘，实现字符串的重复输出。

题目：读入 2 个正整数 A 和 B，1≤A≤9，1≤B≤10，产生数字 AA…A，一共 B 个 A。

输入格式：在一行中输入 A 和 B。

输出格式：在一行中输出整数 AA…A，一共 B 个 A。

微视频 3-8　产生每位数字相同的 n 位数

微视频 3-9　本题重点：使用切片操作读取字符串逆序列。回文数可理解为输入字符串与逆序后字符串相同。

题目：输入一个字符串，判断该字符是否为回文数。

回文就是字符串中心对称，从左向右读和从右向左读的内容是一样的。

输入格式：在一行中给出一个非空字符串。

输出格式：若是回文字符串，则输出 Yes。

微视频 3-9　判断回文字符串

微视频 3-10　本题重点：使用内置字符串处理函数实现进制转换。

题目：输入一个十进制整数，将其转换为二进制数、八进制数和十六进制数。

微视频 3-10　进制转换

微视频 3-11　本题重点:

(1) 使用 math 库的数据函数进行数学运算。

(2) 使用 format( ) 函数对输出结果格式化。

题目:根据输入的三角形的三条边 a、b、c,计算并输出面积和周长。注:输入的边长满足构成一个三角形的条件:

$$area = sqrt(s*(s-a)*(s-b)*(s-c)) \quad s = (a+b+c)/2$$

输入格式:在同一行输入 3 个整数,以空格隔开,分别代表三角形的 3 条边 a、b、c。

输出格式:在一行内,按照 "area = 面积 perimeter = 周长" 的格式输出,保留两位小数。

微视频 3-11　三角形的面积和周长

程序源代码:第 3 章

第4章　组合数据类型

本章的学习目标:
(1) 了解 3 种基本组合数据类型。
(2) 理解列表概念并掌握 Python 中列表的使用方法。
(3) 理解字典概念并掌握 Python 中字典的使用方法。
(4) 运用组合数据类型处理复杂的数据信息。

电子教案:第4章
组合数据类型

4.1　组合数据类型概述

在第 3 章中介绍了数据类型,包括数字型、字符串型和布尔型。其中数字型又包括整数型、浮点型和复数型。这些数据类型仅表示一个数据,这种表示单一数据的数据类型称为基本数据类型。而大多数实际计算中,需要同时对一组中多个数据进行批处理,这时就要将多个数据有效组织起来表示,这种将多个数据有效组织起来的数据类型称为组合数据类型。

组合数据类型可将多个同类型或不同类型数据组织起来,通过单一的表示使数据操作更有序、更容易。根据数据之间的关系,组合数据类型分为 3 大类:序列类型、集合类型、映射类型,如图 4-1 所示。

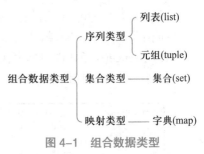

图 4-1　组合数据类型

4.2　列表

列表(list)是 Python 中最常用的组合数据类型,包含 0 个或者多个对象引用的有序的序列,属于序列类型。创建列表时,不用提前分配内存大小,不需要指定元素的个数,长度没有限制,内容可变,可以动态地对列表中的数据项进行增加、删除或者替换等修改操作,同时列表的每个元素可以重复,数据类型可以不同,使用最为灵活。

列表中的每个元素都分配一个数字——它的位置(索引),第一个索引是 0,第二个索引是 1,依此类推。

列表属于序列类型,所以序列类型中的成员关系操作符(in)、长度计算函数(len( ))、切片([ ])等均支持使用。列表可以同时使用正向递增序号和反向递减序号,可采用标准的比较操作符(<、<=、==、!=、>=、>)进行比较,列表中的比较为单个数据项逐个比较。

4.2.1 创建列表

创建一个列表,只要把逗号分隔的不同的数据项使用方括号括起来即可。

列表的创建可以直接使用方括号,如 x=[](创建空列表)、x=[u,v,w];也可以用函数 list( ) 把字符串或者元组转换成列表类型,如 x=list('abcdef123456')。如果直接使用函数 list( ),会返回一个空列表。列表的创建方法代码示例及运行结果如图 4-2 所示。

```
x=[3, 1, [1, "Python"], 'abcd']
print("x =", x, type(x))
x = [3, 1, [1, 'Python'], 'abcd'] <class 'list'>

x=list("我爱我的祖国")
print("x =", x, type(x))
x = ['我', '爱', '我', '的', '祖', '国'] <class 'list'>

x=list()
print("x =", x, type(x))
x = [] <class 'list'>
```

图 4-2 列表的创建方法示例

此外,列表还可以使用 range( ) 函数来创建。

range( ) 函数:range(start, stop[, step])。

start:计数从 start 开始。可省略,默认从 0 开始。例如 range(5) 等价于 range(0,5)。

stop:计数到 stop 结束,但不包括 stop。例如 range(0,5) 是 [0,1,2,3,4] 没有 5。

step:步长。可省略,默认为 1。例如 range(0,5) 等价于 range(0,5,1)。

使用 range( ) 函数创建列表代码示例和输出结果如图 4-3 所示。

另外,还可以利用乘法符号 * 创建列表,代码示例和输出结果如图 4-4 所示。

```
>>>range(10)        # 从 0 开始到 9
[0, 1, 2, 3, 4, 5, 6, 7, 8, 9]
>>> range(1, 11)       # 从 1 开始到 10
[1, 2, 3, 4, 5, 6, 7, 8, 9, 10]
>>> range(0, 30, 5)  # 步长为 5
[0, 5, 10, 15, 20, 25]
>>> range(0, 10, 3)  # 步长为 3
[0, 3, 6, 9]
>>> range(0, -10, -1) # 负数
[0, -1, -2, -3, -4, -5, -6, -7, -8, -9]
>>> range(0)
[]
>>> range(1, 0)
[]
```

图 4-3 使用 range( ) 函数创建列表示例

```
x=[3]*6
y=9*[5]
print(x, "\n", y, sep="")
[3, 3, 3, 3, 3, 3]
[5, 5, 5, 5, 5, 5, 5, 5, 5]
```

图 4-4 使用乘法符号 * 创建列表示例

4.2.2 编辑列表

1. 索引与切片

通过元素在列表中的位置访问某个或某些元素。注意,此方法同样适用于字符串类型。

x[i:j:k]：在 x 中(按照步长 k)取出自第 i 个到第 j 个(不含)之间的元素。

i：起始位置，可省略，默认为列表的首位。

j：结束位置(不含端点)，可省略，默认为列表的末位。

k：步长，可省略，默认为 1。

x 中元素的位置自左向右，依次为 $0,1,2,3,\cdots$；自右向左，依次为 $-1,-2,-3,\cdots$。

列表的索引与分片代码示例如图 4-5 所示。

```
x=list(range(0,11,2))
print(x)
[0, 2, 4, 6, 8, 10]
print(x[2],x[:],x[1:4],x[1:4:2])
4 [0, 2, 4, 6, 8, 10] [2, 4, 6] [2, 6]
```

图 4-5　列表的索引与分片示例

2. 添加元素

x.insert(i,e)：在列表的指定位置添加元素。i 是位置，e 是元素。如 x.insert(2,6)，代表在列表 x 的 2 号位上添加元素 6。

x.append(y)：在列表的末尾添加元素。y 是元素。如 x.append(6)，代表在列表 x 的末尾添加元素 6。

x.extend(z)：把一个列表合并到当前列表的末尾。z 是列表。如 x.extend([1,2])，代表将 [1,2] 这个列表合并到列表 x 的末尾。

3. 修改元素

可以利用赋值语句直接修改指定位置元素的值。

x[n]=y：把列表 x 的第 n 位，修改为元素 y。

修改元素代码示例和结果如图 4-6 所示。

此外，当不知道需要修改的元素的具体位置，而仅知道该元素的值时，可以利用 x.index(n) 方法先找到元素的位置，然后使用赋值语句修改元组的值。

x.index(n)：获取元素 n 在序列 x 中的位置。

利用 index( ) 方法修改列表中元素的代码示例和输出结果如图 4-7 所示。

```
x=[1,2,3,4,5,6]
x[3]=9
print(x)
[1, 2, 3, 9, 5, 6]
```

图 4-6　利用赋值语句修改列表中的元素示例

```
x=list(range(10))
print(x)
[0, 1, 2, 3, 4, 5, 6, 7, 8, 9]
x[2]=True
print(x)
[0, 1, True, 3, 4, 5, 6, 7, 8, 9]
x[x.index(6)]='a'
print(x)
[0, 1, True, 3, 4, 5, 'a', 7, 8, 9]
```

图 4-7　利用 index( ) 方法修改列表中的元素示例

4. 删除元素

x.remove(n)：删除列表中值为 n 的元素，若值重复，则只删除第一个。

x.pop(i)：删除指定位置的元素，i 是位置，可省略，默认删除列表末尾的元素。

x.clear( )：删除列表中所有的元素。

del x[i] 或 del x：删除列表中指定的元素或删除整个列表，i 是位置。

删除列表中元素的代码示例和结果如图 4-8 所示。

```
x=list(range(10))
print(x)
[0, 1, 2, 3, 4, 5, 6, 7, 8, 9]
x.remove(4)
print(x)
[0, 1, 2, 3, 5, 6, 7, 8, 9]
x.pop(6)
7
print(x)
[0, 1, 2, 3, 5, 6, 8, 9]
x.pop()
9
print(x)
[0, 1, 2, 3, 5, 6, 8]
del x[4]
print(x)
[0, 1, 2, 3, 6, 8]
x.clear()
print(x)
[]
del x
print(x)
Traceback (most recent call last):
  File "<pyshell#51>", line 1, in <module>
    print(x)
NameError: name 'x' is not defined
```

图 4-8　删除列表中的元素示例

4.2.3　使用列表

1. 访问列表

除了使用切片索引的方式访问列表之外，还可以使用 for 语句访问列表。代码示例和输出结果如图 4-9 和图 4-10 所示。

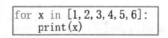

图 4-9　使用 for 语句访问列表示例　　　　　图 4-10　使用 for 语句访问列表示例输出结果

2. 取子列表

利用切片索引的方式即可方便快捷地获取子列表，方法详见 4.2.2 节。

3. 连接列表

除了使用 x.extend(z) 方法可以将一个列表合并至原列表的末尾外，还可以利用 + 把两个列表连接成一个新的列表。如 x=['a','b','c'];y=[1,2,3],print(x+y) 的结果为 ['a','b','c',1,2,3]。

4. 求列表长度、求和、求列表中最大和最小元素

len(x)：求列表的长度。

sum(x)：计算列表 x 中所有元素值的和。

max(x)：求列表 x 中最大的元素。

min(x)：求列表 x 中最小的元素。

5. 关系运算

关系运算符(<=、<、>、>=、==、!=、is、is not、in、not in)同样适用于列表。列表之间的比较，按照两个列表第一个不同元素的大小进行比较(如果不是数字型,则比较元素的 ASCII 码)。

例如,['1','2','3']>['a','b','c'],['a','b','c','2']>=['a','c','D','1']

列表的关系运算代码示例和输出结果如图 4-11 所示。

```
x=['1','2','3']
y=['a','b','c']
print(x>y,y+['2']>=['a','c','c','D','1'])
False False
print(x is y,x!=y,['2'] in x,['c'] not in ['a','c','c','D','1'])
False True False True
```

图 4-11　列表的关系运算示例和输出结果

6. 排序

(1) sorted( )

sorted(x,reverse=True/False),x 是需要排序的序列,True 为降序,False 为升序(默认)。

使用 sorted( ) 对序列进行排序的代码示例和输出结果如图 4-12 所示。

```
x=['1','a','2','b','3','c','4','d','5','e']
y=sorted(x,reverse=True)
print(x,'\n',y,sep='')
['1', 'a', '2', 'b', '3', 'c', '4', 'd', '5', 'e']
['e', 'd', 'c', 'b', 'a', '5', '4', '3', '2', '1']
```

图 4-12　使用 sorted( ) 对序列进行排序示例和输出结果

注意:sorted( ) 属于非自身排序,即排序完成后,原序列不会被改变。

(2) x.sort( )

x.sort(reverse=True/False):x 是需要排序的序列,True 为降序,False 为升序(默认)。

使用 x.sort( ) 函数对序列进行排序的代码示例和输出结果如图 4-13 所示。

```
>>> x=['1','a','2','b','3','c','4','d','5','e']
>>> x.sort()
>>> x
    ['1', '2', '3', '4', '5', 'a', 'b', 'c', 'd', 'e']
```

图 4-13　使用 x.sort( ) 对序列进行排序示例和输出结果

注意:x.sort( ) 属于自身排序,即排序完成后,原序列已被改变。

(3) reversed(x)

reversed(x):逆序,x 是需要排序的序列,非自身排序。

使用 reversed( ) 对序列进行排序的代码示例和输出结果如图 4-14 所示。

```
x=['1','a','2','b','3','c','4','d','5','e']
y=list(reversed(x))
print(x,'\n',y,sep='')
['1', 'a', '2', 'b', '3', 'c', '4', 'd', '5', 'e']
['e', '5', 'd', '4', 'c', '3', 'b', '2', 'a', '1']
```

图 4-14　使用 reversed( ) 对序列进行排序示例和输出结果

　　注意:reversed( ) 函数返回的是一个逆序序列的迭代器,还需要使用 list( ) 函数,将 reversed( ) 函数逆序后返回的迭代器转换成列表。

　　(4) x.reverse( )

　　x.reverse( ):逆序,x 是需要排序的序列,自身排序。

　　使用 x.reverse( ) 对序列进行排序的代码示例和输出结果如图 4-15 所示。

```
>>> x=['1','a','2','b','3','c','4','d','5','e']
>>> x.reverse()
>>> x
...    ['e', '5', 'd', '4', 'c', '3', 'b', '2', 'a', '1']
```

图 4-15　使用 x.reverse( ) 对序列进行排序示例和输出结果

7. 计数

　　x.count(y):计算 y 元素在序列 x 中出现的次数。

　　使用 x.count( ) 对序列进行计数的代码示例和输出结果如图 4-16 所示。

```
x=[1, 2, 3, 2, 3, 5, 6, 5, 6, 8, 9, 8, 8, 6, 5]
n=x.count(5)
print(x,'\n',n,sep='')
[1, 2, 3, 2, 3, 5, 6, 5, 6, 8, 9, 8, 8, 6, 5]
3
```

图 4-16　使用 x.count( ) 对序列进行计数示例和输出结果

8. 复制列表

　　可以使用 t=s、t=s[:]、t=s.copy( )、t=copy.copy(s) 这 4 种方法来实现列表的复制。示例代码如图 4-17 所示。

```
a=[1, 2, 3]
b=a
c=a[:]
d=a.copy()
import copy
e=copy.copy(a)
print(a, b, c, d, e)
[1, 2, 3] [1, 2, 3] [1, 2, 3] [1, 2, 3]
print(id(a), id(b), id(c), id(d), id(e))
2245877919360 2245877919360 2245879061760 2245879138496 2245879137280
a[0]=5
print(a, b, c, d, e)
[5, 2, 3] [5, 2, 3] [1, 2, 3] [1, 2, 3] [1, 2, 3]
b[1]=6
print(a, b, c, d, e)
[5, 6, 3] [5, 6, 3] [1, 2, 3] [1, 2, 3] [1, 2, 3]
c[0]=7
print(a, b, c, d, e)
[5, 6, 3] [5, 6, 3] [7, 2, 3] [1, 2, 3] [1, 2, 3]
d[1]=8
print(a, b, c, d, e)
[5, 6, 3] [5, 6, 3] [7, 2, 3] [1, 8, 3] [1, 2, 3]
e[2]=9
print(a, b, c, d, e)
[5, 6, 3] [5, 6, 3] [7, 2, 3] [1, 8, 3] [1, 2, 9]
print(id(a), id(b), id(c), id(d), id(e))
2245877919360 2245877919360 2245879061760 2245879138496 2245879137280
```

图 4-17　使用 4 种方法实现列表的复制示例

通过仔细观察这个案例可以发现,使用 b=a 方法复制列表时,是将变量指向了列表 a 的地址,因此 b 和 a 拥有同样的 id。因此,无论是修改 b 还是 a,都会级联更新。而使用 c=a[:]、d=a.copy( )、e=copy.copy(a) 这 3 种方法时,则指向了新的 id,更改列表中的元素并不会影响原列表 a。

列表是一个十分灵活的数据结构,它具有处理任意长度、混合类型数据的能力,并提供丰富的基本操作符和方法。当程序需要使用组合数据处理批量数据时,请尽量使用列表类型。

4.3 元组

元组(tuple)是 Python 中的基本数据结构。元组是由多个数据元素组成的不可改变的有序序列。因为元组是包含 0 个或者多个元素的不可变序列类型,所以元组一旦生成就是固定的,元组中的任何元素是不可替换或者删除修改的。元组中的元素值可以重复,元组中也可以嵌套元组。

4.3.1 创建元组

元组可以使用(…)和 tuple(…)创建。如果元组中不含任何元素,则可以创建空元组。例如,x = ( ),x = tuple( ),x = (u,v,w),x = tuple(range(i,j,k))。

元组创建代码示例如图 4-18 所示。

```
x=()
y=tuple()
print(x,y,type(x),type(y))
() () <class 'tuple'> <class 'tuple'>

x=('a','b','c','d')
y=tuple(range(9))
print(x,y,type(x),type(y))
('a','b','c','d') (0, 1, 2, 3, 4, 5, 6, 7, 8) <class 'tuple'> <class 'tuple'>

x=tuple(range(1,60,5))
y=(1,2,3,4,5,6,'a','b','b',10.36)
print(x,y)
(1, 6, 11, 16, 21, 26, 31, 36, 41, 46, 51, 56) (1, 2, 3, 4, 5, 6, 'a', 'b', 'b',
 10.36)
print(type(x),type(y))
<class 'tuple'> <class 'tuple'>
```

图 4-18　创建元组示例

此外,还可以使用乘法符号"*"创建元组,需要注意的是,如果是单元素元组,该元素后面的英文逗号","不可省略。例如,x*n,n*x,使用乘法符号"*"创建元组代码示例如图 4-19 所示。

利用 tuple( ) 可以把字符串或者列表类型的数据转换为元组,代码示例如图 4-20 所示。

```
x=(1,2)*6
y=9*(5,)
print(x,'\n',y,sep='')
(1, 2, 1, 2, 1, 2, 1, 2, 1, 2, 1, 2)
(5, 5, 5, 5, 5, 5, 5, 5, 5)
```

图 4-19　使用乘法符号"*"创建元组示例

```
x='1234abcd'
y=[1,2,3,4,'a','b','c','d']
print(tuple(x),'\n',tuple(y),sep='')
('1','2','3','4','a','b','c','d')
(1, 2, 3, 4, 'a', 'b', 'c', 'd')
```

图 4-20　使用 tuple( ) 将数据转换为元组示例

利用元组的嵌套可以创建二维元组,代码示例如图 4-21 所示。

```
x=((1, 2, 3, 4), (5, 6, 7, 8))
print(x, type(x))
((1, 2, 3, 4), (5, 6, 7, 8)) <class 'tuple'>
```

图 4-21 创建二维元组示例

4.3.2 编辑元组

1. 访问元组

元组及其元素的值不能修改,但可以使用 del 删除整个元组,可以使用索引与切片 x[i[:j[:k]]] 和 index(y) 访问元组,用法与列表和字符串相同。

(1) 索引与切片:元组中元素的位置 x[i[:j[:k]]]。

例如,s[:],s[2:],s[:6],s[2:9],s[2:9:2]。

(2) 当不知道元素的具体位置,仅知道该元素值时,可以利用 x.index(n) 方法先找到元素的位置。

y.index(n):获取元素 n 在元组 y 中的位置。

访问元组代码示例如图 4-22 所示。

```
x=(1, 2, 3, 4, 5, 6)
y=('a', 'b', 'c', 'd')
print(x[:], x[1], x[2:], x[:3], x[1:3], x[1:5:2])
(1, 2, 3, 4, 5, 6) 2 (3, 4, 5, 6) (1, 2, 3) (2, 3) (2, 4)
print(y.index('b'))
1
print(y[y.index('b')])
b
```

图 4-22 访问元组示例

(3) 使用循环语句访问元组,可以使用 for 实现,代码示例和输出结果如图 4-23 和图 4-24 所示。

```
for x in (1, 2, 3, 4, 5, 6):
    print(x)
```

```
1
2
3
4
5
6
```

图 4-23 使用 for 语句访问元组示例   图 4-24 使用 for 语句访问元组示例输出结果

不能使用 insert(i,e)、append(y) 和 extend(z) 等方法添加元素;不能修改元素;不能使用 remove(e)、pop( ) 和 clear( ) 删除元组中的元素。

2. 删除元组

使用 del 删除整个元组,例如,del x。删除元组代码示例如图 4-25 所示。

```
x=(1, 2, 3, 4, 5, 6)
del x
print(x)
Traceback (most recent call last):
  File "<pyshell#8>", line 1, in <module>
    print(x)
NameError: name 'x' is not defined
```

图 4-25 删除元组示例

4.3.3 使用元组

尽管不能修改元组及其元素的值,却可以连接元组,计算长度、求和、计数、查找最大和最小值以及判断关系等,但是不能排序。

1. 连接元组

利用"+"把两个元组连接成一个新元组。通过该方法可以实现向元组中添加元素的功能,即循环使用单元素元组与原元组连接。

例如,s+t,代码示例如图 4-26 所示。

```
s=tuple(range(10))
t=('a','b','c')
x=s+t
print(x)
(0, 1, 2, 3, 4, 5, 6, 7, 8, 9, 'a', 'b', 'c')
y=x+(True,)
print(y)
(0, 1, 2, 3, 4, 5, 6, 7, 8, 9, 'a', 'b', 'c', True)
```

图 4-26　连接元组示例

2. 求长度、求和、求最大和最小值

可以利用 len( )、sum( )、max( ) 和 min( ) 实现,代码示例如图 4-27 所示。

len(x):求元组的长度。

sum(x):计算元组 x 中所有元素值的和。

max(x):求元组 x 中最大的元素。

min(x):求元组 x 中最小的元素。

```
s=tuple(range(10))
print(len(s),sum(s),max(s),min(s))
10 45 9 0
```

图 4-27　求元组的长度、求和、求最大和最小值示例

3. 关系运算

关系运算符(<=、<、>、>=、==、!=、is、is not、in、not in)均适用于元组。

元组之间的关系,按照元组第一个不同元素的大小进行比较。

例如, ('1','2','3')>('a','b','c'), ('a','b','c','2')>=('a','c','c','D','1'),代码示例如图 4-28 所示。

```
x=('1','2','3');y=('a','b','c')
print(x>y,y+('2',)>=('a','c','c','D','1'))
False False
print(x is y, x != y, '2' in x, 'c' not in ('a','c','c','D','1'))
False True True False
print(x is y, x != y, ('2',) in x, ('c',) not in ('a','c','c','D','1'))
False True False True
```

图 4-28　元组的关系运算示例

4. 计数

可以使用 s.count(x) 实现,计算 x 在 s 中的次数。

例如，s.count(8)，代码示例如图 4-29 所示。

```
s=(1, 2, 3, 2, 3, 5, 6, 5, 6, 8, 9, 8, 8, 6, 5)
n=s. count (8)
print(s,'\n', n, sep=' ')
(1, 2, 3, 2, 3, 5, 6, 5, 6, 8, 9, 8, 8, 6, 5)
3
```

图 4-29　元组的计数示例

5. 复制元组

可以使用赋值语句 [:] 和 copy.copy( ) 实现。

例如，t=s，t=s[:]，t=copy.copy(s)，代码示例如图 4-30 所示。

```
a=('a','b','c')
b=a
c=a[:]
import copy
d=copy.copy(a)
print(a,b,c,d)
('a', 'b', 'c') ('a', 'b', 'c') ('a', 'b', 'c') ('a', 'b', 'c')
print(id(a),id(b),id(c),id(d))
1755261605352 1755261605352 1755261605352 1755261605352

a=a+(1,)
print(a,b,c,d)
('a', 'b', 'c', 1) ('a', 'b', 'c') ('a', 'b', 'c') ('a', 'b', 'c')
print(id(a),id(b),id(c),id(d))
1755261613944 1755261605352 1755261605352 1755261605352

b=b+(2,)
print(a,b,c,d)
('a', 'b', 'c', 1) ('a', 'b', 'c', 2) ('a', 'b', 'c') ('a', 'b', 'c')
print(id(a),id(b),id(c),id(d))
1755261613944 1755261613784 1755261605352 1755261605352

c=c+(3,)
print(a,b,c,d)
('a', 'b', 'c', 1) ('a', 'b', 'c', 2) ('a', 'b', 'c', 3) ('a', 'b', 'c')
>>> print(id(a),id(b),id(c),id(d))
1755261613944 1755261613784 1755261613544 1755261605352

d=d+(4,)
print(a,b,c,d)
('a', 'b', 'c', 1) ('a', 'b', 'c', 2) ('a', 'b', 'c', 3) ('a', 'b', 'c', 4)
print(id(a),id(b),id(c),id(d))
1755261613944 1755261613784 1755261613544 1755261613464
```

图 4-30　元组的复制示例

　　需要注意的是，虽然使用赋值语句复制出的元组 b 和原元组 a 都同样指向一个 id，但因为是元组，所以元素不可变，当修改 a 或者 b 时，均不存在级联更新的情况。

4.4　集合

集合类型（set、frozenset）与数学中集合的概念一致，是由 0 个或者多个数据元素组成的无序数据结构。集合中的元素具有唯一性,即集合中不存在两个同样的元素(元素不可重复)。集合中的元素类型只能是不可变数据类型(不可变数据类型包括数字型、字符串、布尔型、元组、不可变集合等;可变数据类型包括列表、字典、可变集合),且元素不可重复。

集合分为可变集合(set)和不可变集合(frozenset,又称冻结集合或只读集合)。

可变集合:集合中元素的值一旦创建不能修改,但可以添加或删除元素。

不可变集合:一旦创建后,无论是元素的值还是元素个数均无法修改。

4.4.1　创建集合

集合的元素是无序的,输出结果可以与定义的集合顺序不一致。同时集合中的元素是独一无二的,集合数据类型能自动过滤掉重复的元素。

1. 可变集合

可变集合可以使用 {…}、range(n) 和 set(…) 创建。如果集合中不含任何元素,则可以创建空集合。集合中不能包含相同的元素(即相同元素仅保留一个)。

集合中元素的值只能是不可变数据类型,所以集合的元素只能是整数、浮点数、字符串、元组和不可变集合,不能是列表、字典和可变集合。

例如,x = set({}),x = set( ),x = {u,v,w},x = set(range(9))。

注意:x = {} 创建的是空字典,而非空集合。代码示例如图 4-31 所示。

```
x={};y=set()
print(x,y,type(x),type(y))
{} set() <class 'dict'> <class 'set'>

x={'a','b','c','d'};y=set(range(9))
print(x,y,type(x),type(y))
{'d', 'c', 'a', 'b'} {0, 1, 2, 3, 4, 5, 6, 7, 8} <class 'set'> <class 'set'>

x=set(range(1,60,5))
print(x,type(x))
{1, 36, 6, 41, 11, 46, 16, 51, 21, 56, 26, 31} <class 'set'>

x={1,2,3,4,5,6,'a','b','b',10.36}
print(x,type(x))
{1, 2, 3, 4, 5, 6, 10.36, 'a', 'b'} <class 'set'>
```

图 4-31　可变集合的创建示例

利用 set( ) 可以把字符串、列表或元组转换为集合,代码示例如图 4-32 所示。

```
x=set({})
y=set('abcdef123456')
z=set([1,2,3,3,5,6,'a','b','b'])
w=set((1,2,3,3,5,6,'a','b','b'))
print(x,type(x),'\n',y,type(y),'\n',z,type(z),'\n',w,type(w),sep='')
set()<class 'set'>
{'4', 'f', 'c', 'e', '5', '2', '6', '1', 'd', '3', 'a', 'b'}<class 'set'>
{1, 2, 3, 5, 6, 'a', 'b'}<class 'set'>
{1, 2, 3, 5, 6, 'a', 'b'}<class 'set'>
```

图 4-32　集合类型的转换示例

2. 不可变集合

不可变集合是一种不可变类型,一旦创建就不能改变。可以使用 frozenset( ) 语句来创建不可变集合,代码示例如图 4-33 所示。

```
x=frozenset('abcdef')
y=frozenset([1,6,'alex',1])
z=frozenset((1,2,3,'a','b','c'))
w=frozenset({1,6,'alex',1})
print(x,type(x),'\n',y,type(y),'\n',z,type(z),'\n',w,type(w),sep='')
frozenset({'f','c','e','d','a','b'})<class 'frozenset'>
frozenset({1,'alex',6})<class 'frozenset'>
frozenset({1,2,3,'c','a','b'})<class 'frozenset'>
frozenset({1,'alex',6})<class 'frozenset'>
```

图 4-33 不可变集合的创建示例

利用集合的嵌套还可以创建伪二维集合。

注意:集合中可以嵌套不可变集合和元组等不可变数据,所以可变集合不可以作为集合的元素。

例如,x = {frozenset({1,2,3,4,5}),frozenset({5,6,7,8,9})}。代码示例如图 4-34 所示。

```
x={frozenset({1,2,3,4,5}),frozenset({5,6,7,8,9})}
print(x)
{frozenset({1, 2, 3, 4, 5}), frozenset({5, 6, 7, 8, 9})}
x={frozenset([1,2,3,4,5]),frozenset((5,6,7,8,9))}
print(x)
{frozenset({1, 2, 3, 4, 5}), frozenset({5, 6, 7, 8, 9})}
print(type(x))
<class 'set'>
```

图 4-34 集合的嵌套示例

4.4.2 编辑集合

由于集合属于无序组合类型,故没有索引和位置的定义,不能被切片。可变集合中元素可以动态增加或者删除,但元素的值不能修改。不可变集合一旦创建不可修改,所以添加元素和删除元素的方法均不适用于不可变集合。

(1) 添加元素:可以使用 s.add(x) 方法为集合添加新元素。

例如,s.add('a'),代码示例如图 4-35 所示。

```
s={1,2,3}
s.add('a')
print(s)
{1, 2, 3, 'a'}
```

图 4-35 添加集合元素示例

(2) 删除元素:可以使用 s.remove(e)、s.discard( )、s.pop( )、s.clear( ) 和 del s 删除元素,代码示例如图 4-36 所示。

s.remove(e) 和 s.discard(e):删除列表中指定的值,e 为元素的值。

s.pop( ):删除集合中任意一个元素。

s.clear( ):删除集合中所有元素。

del s:删除整个集合。

```
s=set(range(10))
print(s)
{0, 1, 2, 3, 4, 5, 6, 7, 8, 9}

s.remove(4)
print(s)
{0, 1, 2, 3, 5, 6, 7, 8, 9}

s.discard(3)
print(s)
{0, 1, 2, 5, 6, 7, 8, 9}

s.pop()
0
print(s)
{1, 2, 5, 6, 7, 8, 9}

s.clear()
print(s)
set()
del s
```

图 4-36 删除集合元素示例

4.4.3 使用集合

尽管不能修改集合中的元素的值,也不支持索引与切片,但仍可以使用 for 循环语句访问集合,并对集合进行并集、交集、差集、补集、判断关系和复制等操作。

1. 访问集合

可以使用 for 实现,代码示例如图 4-37 和图 4-38 所示。

```
y=set(range(9))
for x in y:
    print(x, type(x))
print(y, type(y))
```

图 4-37 访问集合示例

```
0 <class 'int'>
1 <class 'int'>
2 <class 'int'>
3 <class 'int'>
4 <class 'int'>
5 <class 'int'>
6 <class 'int'>
7 <class 'int'>
8 <class 'int'>
{0, 1, 2, 3, 4, 5, 6, 7, 8} <class 'set'>
```

图 4-38 访问集合输出结果

2. 计算并集、交集、差集和补集

和数学中的集合一样,Python 的集合数据类型也包含 4 种基本操作,即并集(|)、交集(&)、差集(−)和补集(^),如图 4-39 所示。

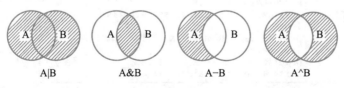

A|B   A&B   A−B   A^B

图 4-39 集合的 4 种基本操作类型

求集合的并集、交集、差集和补集可以直接使用 |、&、- 和 ^ 符号,也可以使用 union( )、intersection( )、difference( ) 和 symmetric_difference( ) 实现,代码示例如图 4-40 所示。注意:s|=t 等价于 s=s|t,以此类推。

```
s={1,2,3,'a','b'}
t={3,'a','b','c'}
print(s|t, s&t, s-t, s^t)
{1, 2, 3, 'c', 'a', 'b'} {'b', 3, 'a'} {1, 2} {1, 2, 'c'}

s|=t
print(s,t)
{1, 2, 3, 'c', 'a', 'b'} {3, 'b', 'c', 'a'}

print(s.union(t), s.intersection(t), s.difference(t), s.symmetric_difference(t))
{1, 2, 3, 'c', 'a', 'b'} {'b', 3, 'c', 'a'} {1, 2} {1, 2}
```

图 4-40 计算并集、交集、差集和补集示例

3. 求长度、求和、求最大和最小值

可以利用 sum(s)、len(s)、max(s) 和 min(s) 实现。代码示例如图 4-41 所示。

```
s=set(range(10))
print(s)
{0, 1, 2, 3, 4, 5, 6, 7, 8, 9}
print(sum(s), len(s), max(s), min(s))
45 10 9 0
```

图 4-41 通过集合求长度、求和、求最大和最小值示例

4. 关系运算

关系运算符(<=、<、>、>=、==、!=、is、is not、in、not in)均适用于集合。集合之间的关系,按照集合的包含关系进行比较(即子集与超集)。

子集定义:对于两个集合 A 与 B,如果集合 A 的任何一个元素都是集合 B 的元素,则称集合 A 包含于集合 B,或集合 B 包含集合 A,也称集合 A 是集合 B 的子集。如果集合 A 的任何一个元素都是集合 B 的元素,而集合 B 中至少有一个元素不属于集合 A,则称集合 A 是集合 B 的真子集。空集是任何集合的子集。任何一个集合是它本身的子集。空集是任何非空集合的真子集。

超集定义:如果一个集合 S2 中的每一个元素都在集合 S1 中,且集合 S1 中可能包含 S2 中没有的元素,则集合 S1 就是 S2 的一个超集。

当需要判断两个集合是否存在子集与超集的关系时,可以使用 s.issubset(t) 和 s.issuperset(t) 语句。

还可以使用 isdisjoint( ) 来判断两个集合的交集是否为空集,若空,则返回 True,否则返回 False。代码示例如图 4-42 所示。

```
x={1,2,3};y={'a','b','c'};z={1,2};w={'a','b'}
print(x>y, x<=y, z<x, y>=w)
False False True True
print(z.issubset(x), y.issuperset(w))
True True
print(x.isdisjoint(y), x.isdisjoint(z))
True False
print(z in x, 2 in x, w not in y, 'a' not in y)
False True True False
```

图 4-42 集合的关系运算示例

5. 复制集合

可以使用赋值语句、s.copy( ) 和 copy.copy( ) 实现。例如,t=s,t=s.copy( ),t=copy.copy(s)。代码示例如图 4-43 所示。

```
a={1,2,3}
b=a
c=a.copy()
import copy
d=copy.copy(a)
print(a,b,c,d)
{1, 2, 3} {1, 2, 3} {1, 2, 3} {1, 2, 3}
print(id(a),id(b),id(c),id(d))
2246254896744 2246254896744 2246251637896 2246251637448
a.union({'a'})
{1, 2, 3, 'a'}
print(a,b,c,d)
{1, 2, 3} {1, 2, 3} {1, 2, 3} {1, 2, 3}
print(id(a),id(b),id(c),id(d))
2246254896744 2246254896744 2246251637896 2246251637448
a.add('a')
print(a,b,c,d)
{1, 2, 3, 'a'} {1, 2, 3, 'a'} {1, 2, 3} {1, 2, 3}
print(id(a),id(b),id(c),id(d))
2246254896744 2246254896744 2246251637896 2246251637448
b.add('b')
print(a,b,c,d)
{1, 2, 3, 'a', 'b'} {1, 2, 3, 'a', 'b'} {1, 2, 3} {1, 2, 3}
print(id(a),id(b),id(c),id(d))
2246254896744 2246254896744 2246251637896 2246251637448
c.add('c')
print(a,b,c,d)
{1, 2, 3, 'a', 'b'} {1, 2, 3, 'a', 'b'} {1, 2, 3, 'c'} {1, 2, 3}
print(id(a),id(b),id(c),id(d))
2246254896744 2246254896744 2246251637896 2246251637448
d.add('d')
print(a,b,c,d)
{1, 2, 3, 'a', 'b'} {1, 2, 3, 'a', 'b'} {1, 2, 3, 'c'} {1, 2, 3, 'd'}
print(id(a),id(b),id(c),id(d))
2246254896744 2246254896744 2246251637896 2246251637448
```

图 4-43　复制集合示例

需要注意的是,当使用 a.union({'a'}) 语句之后,输出的只是集合 a 和集合 {'a'} 的并集,而原集合 a 并没有被改变。

使用 b=a 方法复制集合时,因为是可变集合类型,所以是将变量指向了集合 a 的地址,因此 b 和 a 拥有同样的 id。因此,无论是在集合 b 还是 a 中添加元素,都会级联更新。但使用 c=a.copy( ) 和 d=copy.copy(a) 方法时,则指向了新的 id,添加集合中的元素并不会影响原集合 a。

4.5　字典

字典(dict)是 Python 支持的可变、无序的数据结构,由 0 个或多个元素组成,每个元素是一个键值对(键:值,key:value)。

键值对是一种二元关系,源于属性和值的映射关系。键(key)表示一个属性,可以理解为一种类别或者一个项目,值(value)是属性的内容,键值对描述了一个属性和它的值。键值对将映射关系进行结构化,用于存储和表达。在 Python 中,映射关系主要以字典类型体现。

通过前面的学习我们知道列表是存储和检索数据的有序序列。可以通过整数的索引去访问列表中的元素,这个索引就是元素在列表中的序号。但实际应用中,往往需要更加灵活的信息查找方式,例如,在检索学生或者公司员工信息时,可能需要基于身份证号码或者名字进行查找,而不是通过信息存储的序列号进行查找。用编程术语解释为,根据一个信息查找另一个信息的方式构成"键值对",表示索引的键和对应的值构成成对关系,即通过一个特定的键(身份证号码)来访问对应值(学生或公司员工信息)。这种键值对的方式,在实际应用更为高效。

4.5.1　创建字典

字典的每个元素都是一个键值对(key:value),键和值用冒号(:)分隔,每个元素之间用逗号(,)分隔,并使用大括号({})定界,即 d = {k1:v1,k2:v2,…,kn:vn}。

注意:键必须唯一,值则不必。

所以键必须是不可变数据类型(数字型、字符串、布尔型、元组等),值可以取任何数据类型。

字典可以使用 {…} 和 dict(…) 创建。如果字典中不含任何元素,则可以创建空字典。

例如,x = {},x = dict( ),x = {'u':1,'v':2,'w':3}),代码示例如图 4-44 所示。

```
x={};y=dict()
print(x, y, type(x), type(y))
{} {} <class 'dict'> <class 'dict'>

x={'sno':'180101','sname':'黄蓉','ssex':'女','sage':18}
print(x, type(x))
{'sno': '180101', 'sname': '黄蓉', 'ssex': '女', 'sage': 18} <class 'dict'>

x={'a':1,'b':2,'c':3}
print(x, type(x))
{'a': 1, 'b': 2, 'c': 3} <class 'dict'>

x={1:'a',2:'b',3:'c'}
print(x, type(x))
{1: 'a', 2: 'b', 3: 'c'} <class 'dict'>

x={'姓名':'郭靖','生日':{'年':2000,'月':2,'日':14,'时间':{'时':12,'分':12,'秒':1
2}},'年龄':19}
print(x, type(x))
{'姓名': '郭靖', '生日': {'年': 2000, '月': 2, '日': 14, '时间': {'时': 12, '分'
: 12, '秒': 12}}, '年龄': 19} <class 'dict'>
```

图 4-44　创建字典示例

不难看出,字典不但可变,而且值支持任意数据类型、任意层次的嵌套。

此外,还可以使用 dict( ) 把列表或元组转换为字典,也可以使用赋值语句给键赋值的方式创建字典,代码示例如图 4-45 所示。

```
x=[['a',1],['b',2],['c',3]]        #list套list
print(dict(x))
{'a': 1, 'b': 2, 'c': 3}

y=(['a',1],['b',2],['c',3])        #tuple套list
print(dict(y))
{'a': 1, 'b': 2, 'c': 3}

z=[('a',1),('b',2),('c',3)]        #list套tuple
print(dict(z))
{'a': 1, 'b': 2, 'c': 3}

u=(('a',1),('b',2),('c',3))        #tuple套tuple
print(dict(u))
{'a': 1, 'b': 2, 'c': 3}

v=dict(sno='180101',sname='黄蓉',ssex='女',sage=18)    #赋值语句
print(v)
{'sno': '180101', 'sname': '黄蓉', 'ssex': '女', 'sage': 18}
```

图 4-45   dict( ) 语句的使用示例

使用 d.fromkeys(k,v) 语句也可以创建字典,k 代表键,v 代表值(可省略,默认为 None),代码示例如图 4-46 所示。

```
d={}.fromkeys(['a','b'],2)
print(d)
{'a': 2, 'b': 2}

d={}.fromkeys(('a','b'),2)
print(d)
{'a': 2, 'b': 2}

d={}.fromkeys(('a','b'))
print(d)
{'a': None, 'b': None}
```

图 4-46   fromkeys( ) 语句的使用示例

4.5.2   编辑字典

1. 添加键值

可以使用赋值语句 s[k]=v 直接添加键值对,如果键已经存在,则会使用新值修改旧值,该方法具有添加和修改的双重功能,代码示例如图 4-47 所示。

```
s={'name':"黄蓉",'sex':'女'}
s['name']='郭靖'
s['birth']='1996-10-1'
s['grade']=(99,98,96,92)
print(s)
{'name': '郭靖', 'sex': '女', 'birth': '1996-10-1', 'grade': (99, 98, 96, 92)}
```

图 4-47   添加键值示例

2. 修改键值

利用赋值语句直接修改指定键的值,方法同上,如图 4-48 所示。

```
s={'name': '郭靖', 'sex': '女', 'birth': '1996-10-1', 'grade': (99, 98, 96, 92)}
s['name']='杨康';s['sex']='男'
s['birth']='1995-1-1'
s['grade']=(90,96,95)
print(s)
{'name': '杨康', 'sex': '男', 'birth': '1995-1-1', 'grade': (90, 96, 95)}
```

图 4-48   修改键值示例

注意:只能修改键的值,不能修改键。如果必须修改,则可以先删除该键值对,再添加一个新的键值对。

3. 设置默认值

当需要设置某个键的默认值时,可以使用 setdefault(k,v) 语句,k 代表键,v 代表值(可省略,默认为 None)。如果 k 不存在,则会添加一个新的键值对,代码示例如图 4-49 所示。

```
s={'sname':'黄蓉','ssex':'女'}
s.setdefault('ssex','男')
'女'
print(s)                                #因该键已存在且有值,则不改变原值
{'sname':'黄蓉','ssex':'女'}

s.setdefault('sbirth','2000-01-01')
'2000-01-01'
print(s)                                #因该键不存在,则返回设置好的默认值
{'sname':'黄蓉','ssex':'女','sbirth':'2000-01-01'}

s.setdefault('sage')
print(s)                                #因该键不存在,且未设置默认值,返回None
{'sname':'黄蓉','ssex':'女','sbirth':'2000-01-01','sage': None}
```

图 4-49   setdefault( ) 语句的使用示例

4. 删除字典及其键值

可以使用 pop( )、popitem( )、clear( ) 和 del 删除字典及其键值。

pop[k[,v]]:删除指定的键值对。若键不存在,则返回 v。

popitem( ):随机删除一个键值对。

clear( ):删除字典的所有元素。

del d[k]:删除指定的字典或者指定的键。

例如,d.pop('name'),d.clear( ),del d['sex'],del d。代码示例如图 4-50 所示。

```
d={'a':1,'b':2,'c':3,'x':6,'y':7,'z':8}
d.pop('z')
8

print(d)
{'a': 1, 'b': 2, 'c': 3, 'x': 6, 'y': 7}

d.pop('u',9)
9

d.popitem()
('y', 7)
print(d)
{'a': 1, 'b': 2, 'c': 3, 'x': 6}

del d['b']
print(d)
{'a': 1, 'c': 3, 'x': 6}

d.clear()
print(d)
{}
del d
```

图 4-50   删除字典及键值示例

4.5.3   使用字典

1. 访问字典

因字典是无序、可变的数据结构,所以不可用索引和切片的方式访问。但因为字典的特殊结构,每个元的键相当于值的索引,所以可以使用键获取相应的值(即 v=d[k],注意:如果键不存在,则会出错)。此外,还可以使用 d.get(k[,v])、d.keys( )、 d.values( )、d.items( ) 和 for 循环语句访问字典的键和值。

　　v=d[k]：如果键 k 不存在，则会出错。

　　d.get(k[,v])：返回键 k 的值；v 可省略，默认为 None；若键不存在，则返回 v。

　　d.keys( )：返回字典 d 的所有键。

　　d.values( )：返回字典 d 的所有值。

　　d.items( )：返回字典 d 的所有键值对。

　　字典访问代码示例如图 4-51 所示。

```
d={'sno':'180101','sname':'黄蓉','ssex':'女','sage':18}
print(d['sno'],d['sname'],d['ssex'],d['sage'])
180101 黄蓉 女 18

print(d.get('sname'),d.get('ssex','男'),d.get('age'),d.get('age',16))
黄蓉 女 None 16

print(d.keys())
dict_keys(['sno', 'sname', 'ssex', 'sage'])

print(d.values())
dict_values(['180101', '黄蓉', '女', 18])

print(d.items())
dict_items([('sno', '180101'), ('sname', '黄蓉'), ('ssex', '女'), ('sage', 18)])
```

图 4-51　访问字典示例

此外，还可以使用 for 循环语句访问字典，代码示例如图 4-52 所示。

```
d={'sno':'180101','sname':'黄蓉','ssex':'女','sage':18}
for x in d.keys():print(x)

sno
sname
ssex
sage

for y in d.values():print(y)

180101
黄蓉
女
18

for z in d.keys():print(z,d[z])

sno 180101
sname 黄蓉
ssex 女
sage 18

for w in d.items():print(w)

('sno', '180101')
('sname', '黄蓉')
('ssex', '女')
('sage', 18)
```

图 4-52　使用 for 循环语句访问字典示例

2. 连接字典

　　利用 d.update(t) 语句，可以把字典 t 添加到字典 d，代码示例如图 4-53 所示。

```
d={'x':1,'y':2,'z':3}
t={'a':4,'b':5,'c':6}
d.update(t)
print(d)
{'x': 1, 'y': 2, 'z': 3, 'a': 4, 'b': 5, 'c': 6}
```

图 4-53   连接字典示例

3. 求长度、求和、求最大和最小值

可以利用 len(s)、sum(s.values())、max(s) 和 min(s) 实现,代码示例如图 4-54 所示。

```
s={'x':1,'y':2,'z':3,'a': 4, 'b': 5, 'c': 6}
print(len(s),sum(s.values()),max(s),min(s))
6 21 z a
```

图 4-54   求长度、求和、求最大值和最小值示例

注意,max() 和 min() 语句如果参数是字典 s,默认计算键的最大和最小值,按 ASCII 码排序。

4. 关系运算

关系运算符(<=、<、>、>=、==、!=、is、is not、in、not in)均适用于字典。注意:进行 <=、<、>、>= 计算时,需要指明是键、值,还是键值对之间的关系,代码示例如图 4-55 所示。

```
d={'x':1,'y':2,'z':3}
t={'a':4,'b':5,'c':6}
print(d['x']<=t['a'],d is t,d!=t)
True False True
print('y' in d,'y' not in d)
True False

print(3 in d)
False
```

图 4-55   字典的关系运算示例

5. 排序

可以使用 sorted() 实现排序。注意:排序结果是字典的键组成的列表。代码示例如图 4-56 所示。

sorted(s,reverse=True|False):True 为降序,False 为升序(默认)。

```
d={'x':1,'y':2,'z':3,'a':4,'b':5,'c':6}
t=sorted(d,reverse=True)
print(d,'\n',t,'\n',type(d),type(t),sep='')
{'x': 1, 'y': 2, 'z': 3, 'a': 4, 'b': 5, 'c': 6}
['z', 'y', 'x', 'c', 'b', 'a']
<class 'dict'><class 'list'>
```

图 4-56   字典的排序示例

6. 转换

利用 list()、tuple()、set() 和 dict() 语句,可以实现列表、元组、集合和字典数据类型的转换,代码示例如图 4-57 所示。

注意:将字典类型转换为其他 3 种类型时,默认使用的是字典的键。

```
d={'x':1,'y':2,'z':3}
x=list(d)
y=tuple(d)
z=set(d)
print(d,x,y,z)
{'x': 1, 'y': 2, 'z': 3} ['x', 'y', 'z'] ('x', 'y', 'z') {'z', 'x', 'y'}

u=list(d.values())
v=tuple(d.values())
w=set(d.values())
print(d,u,v,w)
{'x': 1, 'y': 2, 'z': 3} [1, 2, 3] (1, 2, 3) {1, 2, 3}
```

图 4-57　列表、元组、集合、字典的转换示例

7. 复制字典

可以使用赋值语句、s.copy( ) 和 copy.copy( ) 实现。例如，t=s，t=s.copy( )，t=copy.copy(s)。代码示例如图 4-58 所示。

```
a={'x':1,'y':2,'z':3}
b=a
c=a.copy()
import copy
d=copy.copy(a)
print(a,b,c,d)
{'x': 1, 'y': 2, 'z': 3} {'x': 1, 'y': 2, 'z': 3} {'x': 1, 'y': 2, 'z': 3} {'x':
 1, 'y': 2, 'z': 3}

print(id(a),id(b),id(c),id(d))
1691086710528 1691086710528 1691087523136 1691087620928

a['x']=6
print(a,b,c,d)
{'x': 6, 'y': 2, 'z': 3} {'x': 6, 'y': 2, 'z': 3} {'x': 1, 'y': 2, 'z': 3} {'x':
 1, 'y': 2, 'z': 3}
print(id(a),id(b),id(c),id(d))
1691086710528 1691086710528 1691087523136 1691087620928

b['y']=7
print(a,b,c,d)
{'x': 6, 'y': 7, 'z': 3} {'x': 6, 'y': 7, 'z': 3} {'x': 1, 'y': 2, 'z': 3} {'x':
 1, 'y': 2, 'z': 3}
print(id(a),id(b),id(c),id(d))
1691086710528 1691086710528 1691087523136 1691087620928

c['z']=8
print(a,b,c,d)
{'x': 6, 'y': 7, 'z': 3} {'x': 6, 'y': 7, 'z': 3} {'x': 1, 'y': 2, 'z': 8} {'x':
 1, 'y': 2, 'z': 3}

d.update({'w':9})
print(a,b,c,d)
{'x': 6, 'y': 7, 'z': 3} {'x': 6, 'y': 7, 'z': 3} {'x': 1, 'y': 2, 'z': 8} {'x':
 1, 'y': 2, 'z': 3, 'w': 9}
```

图 4-58　复制字典示例

本章实验

实验 4-1　列表

给出程序如下运行结果。解释结果对应的功能。

```
import sys

print([], type([]), sys.getsizeof([]))
x = 12
l1 = [x]
print(x, type(x), sys.getsizeof(x), sys.getsizeof(l1))
y = 1.1
l2 = [y]
print(y, type(y), sys.getsizeof(y), sys.getsizeof(l2))
z = '2'
l3 = [z]
print(z, type(z), sys.getsizeof(z), sys.getsizeof(l3))
```

```
w = True
l4 = [w]
print(w, type(w), sys.getsizeof(w), sys.getsizeof(l4))
s = [1, 2, 3]
for i in s:
    print('i=', i)
    print('s=', s)
    s.remove(i)
print('为什么！ for的计数器！')
```

```
s = [1, 2, 3]
for i in list(s):
    print('i=', i)
    print('s=', s)
    s.remove(i)
l1 = ['1', '2', 1, 2]
l2 = l1
l3 = list(l1)
print('l1=', l1, 'l2=', l2, 'l3=', l3)
print('id(l1)=', id(l1), 'id(l2)=', id(l2), 'id(l3)=', id(l3))
```

```
l1.remove(l1[0])
print('l1=', l1, 'l2=', l2, 'l3=', l3)
print('id(l1)=', id(l1), 'id(l2)=', id(l2), 'id(l3)=', id(l3))
sinfo = [['学号', '姓名', '性别', '年龄', '婚否'],
        ['1801', '张三', '男', 19, True],
        ['1802', '李四', '女', 16, False],
        ['1803', '王五', '男', 18, True]]
for i in range(4): print(sinfo[i])
print(sinfo[3][1])
print(sinfo[1][0:3])
print(sinfo[1])
print(sinfo[1][:])
for x in range(4): print(sinfo[x][1])
```

实验 4-2　元组

给出程序如下运行结果。解释结果对应的功能。

```
a = ((1, 2, 3, 6), (4, 5, 6, 8), (7, 8, 9, 6), (5, 2, 8, 7))
for i in range(4): print(a[i])
print(len(a))
for i in range(4): print('max=', max(a[i]))
print('min=', min((a[0][2], a[1][2], a[2][2], a[3][2])))
print('sum=', sum((a[0][0], a[1][1], a[2][2], a[3][3])))
print('ave=', sum((a[0][3], a[1][2], a[2][1], a[3][0])) / 4.0)
```

实验 4-3　集合

给出程序如下运行结果。解释结果对应的功能。

```
u = {1, 2, 3, 4, 5, 6}
v = {5, 6, 7, 8, 9}
w = {'a', 'b', 'c', 5, 6, 7, True}
print(u | v | w, u & v & w)
print(u.union(v, w), u.intersection(v, w))
print(u - v - w, u ^ v ^ w)
print(u.difference(v, w), u.symmetric_difference(v))
print(len(w), sum(u | v), max(u), min(v))
print(u >= v, u < w)
```

实验 4-4　字典

给出程序如下运行结果。解释结果对应的功能。

```
s = {'学号': ['姓名', '性别', '年龄', '婚否', ('高数', '英语', '体育', '软件')],
     '1901': ['张三', '男', 19, True, (90, 92, 98, 96)],
     '1902': ['李四', '女', 16, False, (95, 96, 99, 97)],
     '1903': ['王五', '男', 18, True, (97, 91, 95, 98)]}
print(s)
for x in s.keys(): print(x, s[x])
s['1904'] = ['孙六', '女', 20, False, None]
s['1905'] = ['赵七', '女', 22, True]
for x in s.keys(): print(x, s[x])
s['1904'] = ['孙六', '女', 20, False, (99, 99, 99, 99)]
for x in s.keys(): print(x, s[x])
s.pop('1905')
for x in s.keys(): print(x, s[x])
if '1904' in s.keys(): print('1904', s['1904'])
if '1905' not in s.keys(): print('查无此人!')
print('学生人数: ', len(s) - 1)
s.clear()
print(s)
```

本 章 习 题

1. 简述 Python 的基本数据类型和组合数据类型。
2. 简述列表的基本概念、列表的创建和操作。
3. 简述元组的基本概念、元组的创建和操作。
4. 简述集合的基本概念、集合的创建和操作。
5. 简述字典的基本概念、字典的创建和操作。

本 章 慕 课

微视频 4-1   本题重点：Python 中将列表类型称为"list"。创建列表，列表中的元素用逗号隔开，列表中可以嵌套列表。列表类型常用的函数如 list.append( )、list.pop( )、list.insert 等，实现对列表元素的添加与删除等操作。

题目：按以下要求进行有关列表的操作。

（1）新建一个列表，其内容为"[1,"A",[2,"B"]]"。

（2）求该列表的长度。

（3）输出列表最后一个元素。

（4）向列表添加元素 'C'（添加在列表末尾，添加在列表第一个元素之后）。

（5）删除列表最后一个元素。

微视频 4-1   列表使用实例

微视频 4-2   本题重点：使用内置字符串处理函数，lower( ) 将大写字母转换为小写字母，upper( ) 将小写字母转换为大写字母。index( ) 函数找到列表中某个元素第一次出现的位置，可用来判断某元素是否反复出现。

题目：随机输入一个字符串，把最左边的 10 个不重复的英文字母（不区分大小写）挑选出来。如没有 10 个英文字母，显示信息 "not found"。

输入格式：在一行中输入字符串。

输出格式：在一行中输出最左边的 10 个不重复的英文字母或显示信息 "not found"。

微视频 4-2   输出 10 个不重复的英文字母

微视频 4-3　本题重点：区别列表类型与集合类型，列表类型是有序且允许重复的序列，而集合是无序且不重复的序列，因此可以使用集合的特性去除列表中重复的元素。

每一个列表中只要有一个元素出现两次，那么该列表即被判定为包含重复元素。

题目：编写程序，判断输入的 n 个列表中有几个列表包含重复元素。

输入格式：输入 n，然后输入 n 个列表。

输出格式：包含重复元素的列表个数。

微视频 4-3　重复元素判定

微视频 4-4　本题重点：通过创建字典类型，将成绩作为字典的 key，姓名与学号作为字典的 value 进行检索。

题目：给定 N 个学生的基本信息，包括学号（由 5 个数字组成的字符串）、姓名（长度小于 10 的不包含空白字符的非空字符串）和 3 门课程的成绩（[0,100] 区间内的整数），要求输出总分最高的学生的姓名、学号和总分。

输入格式：在一行中给出正整数 N（≤10）。随后 N 行，每行给出一位学生的信息，格式为"学号　姓名　成绩 1　成绩 2　成绩 3"，中间以空格分隔。

输出格式：在一行中输出总分最高的学生的姓名、学号和总分，间隔一个空格。题目保证这样的学生是唯一的。

微视频 4-4　找出总分最高的学生

微视频 4-5　本题重点：使用 sorted() 函数对字典中的 key 值进行排序，返回值为一个列表类型。遍历列表将 key 值与字典中的 value 对应，最后使用 update() 函数将 int 类型与 string 类型进行合并。

题目：字典合并。输入用字符串表示两个字典，输出合并后的字典，字典的键用一个字母或数字表示。注意：1 和 "1" 是不同的关键字。

输入格式：在第一行中输入第一个字典字符串，在第二行中输入第二个字典字符串。

输出格式：在一行中输出合并的字典，输出按字典序排列。"1" 的 ASCII 码为 49，大于 1，排序时 1 在前，"1" 在后，其他的也一样。

输入样例：

```
{"1":3,1:4}
{"a":5,"1":6}
```

输出样例：

```
{1:4,"1":9,"a":5}
```

微视频 4-5   字典合并

微视频 4-6   本题重点：可以将矩阵作为列表类型输入，然后使用 for 循环语句遍历两个矩阵，实现求和。

题目：要求编写程序，求两个给定的 a×b 矩阵之和。

输入格式：在第一行给出两个正整数 a 和 b(1≤a,b≤6)。随后 a 行，每行给出 b 个整数，其间以空格分隔。再次随后 a 行，每行给出 b 个整数。

输出格式：输出两个矩阵和。

微视频 4-6   矩阵求和

程序源代码：第 4 章

第二部分
进 阶 篇

　　中国共产党第二十次全国代表大会的精神为我们提供了强大的思想武装和行动指南,指导着我们在 Python 程序设计语言学习与应用中不断前进。在学习完基础篇之后,应该更加注重掌握 Python 的进阶语法和常用技巧。二十大提出,"要以鼓励科学技术创新为导向,创造良好职业发展环境"。这一精神指导着我们在进阶阶段深入学习 Python 语言的高级语法知识和编程方法。这一阶段包括程序结构与异常处理、函数与模块、对象与方法、文件与数据库等内容的学习,从而能够更加灵活地运用 Python 语言解决实际问题,并提高代码的效率和可维护性。

第 5 章　程序结构与异常处理

本章的学习目标：
(1) 学习程序设计的基本结构,并熟练绘制程序流程图。
(2) 熟练掌握 3 种基本结构:顺序结构、选择结构和循环结构。
(3) 学习 Python 提供的异常处理机制,包括异常捕捉和异常处理。

电子教案:第 5 章
程序结构与异常处理

5.1　程序流程图

程序流程图又称程序框图,通过使用统一规定的图形、流程线等符号来描述程序运行具体步骤。程序流程图是进行程序设计的最基本依据,因此它的质量直接关系到程序设计的质量。程序流程图包括 7 种基本元素,如图 5-1 所示。

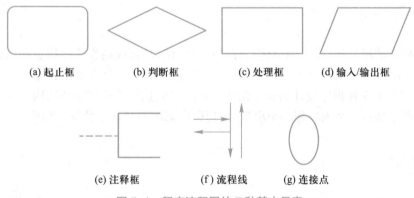

(a) 起止框　　　(b) 判断框　　　(c) 处理框　　　(d) 输入/输出框

(e) 注释框　　　(f) 流程线　　　(g) 连接点

图 5-1　程序流程图的 7 种基本元素

程序流程图由起止框、判断框、处理框、输入 / 输出框、注释框、流程线和连接点构成,并结合相应的算法,构成整个程序流程图。

起止框(圆角矩形框)表示程序的开始或结束,具有处理功能。

判断框(菱形框)具有条件判断功能,有一个入口,两个出口。

处理框(矩形框)表示一组处理过程。

输入 / 输出框(平行四边形框)表示数据的输入或结果的输出。

注释框是为了对流程图中某些框的操作做必要的补充说明。

流程线(实心单项箭头)表示流程的路径和方向。

连接点(圆圈)可将流程线连接起来。

如图 5-2 所示为基本流程图示例。

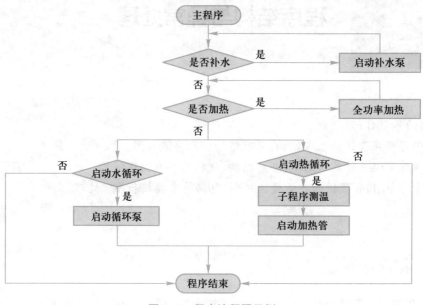

图 5-2   程序流程图示例

5.2 程序结构

为了使程序清晰易读,常采用结构化程序设计方法,从而提高程序的质量和执行效率。结构化程序通常由若干结构块组成,每个结构块可以包含零个、一个或多个语句。

Python 提供了 3 种程序设计的基本结构:顺序结构、选择结构和循环结构。这 3 种基本结构共有的特点是都有一个入口和一个出口,任何程序都离不开这 3 种基本结构。

5.2.1 顺序结构

顺序结构是最简单的程序结构,也是最常用的程序结构,它的执行顺序是根据语句的先后顺序,依次执行每一条语句。如图 5-3 所示,语句 A、语句 B、语句 C 和语句 D 表示一个或一组顺序执行的语句。

5.2.2 选择结构

选择结构,也称分支结构,需要在程序中根据条件选择执行相应语句。程序中的语句是否被执行取决于条件,若条件成立,则执行相应语句,否则不执行。

选择结构包括单分支结构、二分支结构以及多分支结构。选择结构可以使用 if 语句实现。

图 5-3   顺序结构流程图示例

1. 单分支结构：if 语句

Python 中 if 条件语句的格式如下：

```
if(表达式):<语句块>
```

或

```
if(表达式):
    <语句块>
```

语义：根据表达式的值，选择执行语句块。如果表达式的值为真（True），则执行语句块，否则不执行。if 语句执行流程图如图 5-4 所示。

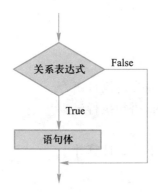

图 5-4 if 语句执行流程图

if 语句中表达式部分一般由条件语句构成，可以使用任何能够产生 True 或 False 结果的语句或者函数。一般情况下，Python 中有 6 种关系操作符来形成判定条件，如表 5-1 所示。

表 5-1 Python 中的 6 种关系操作符

操作符	数学符号	操作符意义
<	<	小于
>	>	大于
<=	≤	小于或等于
>=	≥	大于或等于
==	=	等于
!=	≠	不等于

注意：Python 中区分 "=="与"=" 的区别。

例：低温结冰提醒。从键盘输入 1 个华氏温度 x，计算 x 的摄氏温度 y，如果摄氏温度 y 小于或等于 0，则输出华氏温度 x、摄氏温度 y 和低温提醒"路面结冰，谨慎驾驶！"，否则，不输出，不提醒。

注：摄氏温度 =（华氏温度 −32）/1.8

代码示例如图 5-5 所示，运行结果如图 5-6 所示。

```
x = int(input('输入华氏温度x='))
y = (x - 32) / 1.8
if y <= 0:
    print('华氏温度=', x)
    print('摄氏温度=%9.3f' % y)
    print('路面结冰，谨慎驾驶！')
```

图 5-5　单分支 if 语句示例

```
输入华氏温度x=23
23
华氏温度=  23
摄氏温度=    -5.000
路面结冰，谨慎驾驶！
```

图 5-6　单分支 if 语句示例运行结果

2. 二分支结构：if-else 语句

Python 中 if-else 条件语句的格式如下：

```
if( 表达式 1):
    <语句块 1>
else:
    <语句块 2>
```

语义：如果表达式 1 为真（True），则执行语句块 1，否则执行语句块 2。if-else 语句执行流程图如图 5-7 所示。

例：任意输入实数 x，按照如下公式计算并输出 y。

$$y = \begin{cases} 5x-6, & x \leqslant 10 \\ 5x+6, & x > 10 \end{cases}$$

语句示例如图 5-8 所示，运行结果如图 5-9 所示。

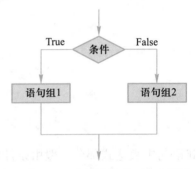

图 5-7　if-else 语句执行流程图

```
x = float(input('输入实整x='))
if x <= 10:
    y = 5 * x - 6
else:
    y = 5 * x + 6
print('x=%.6f,y=%.6f' % (x, y))
```

图 5-8　二分支结构：if-else 语句示例

```
输入实整x=21
21
x=21.000000,y=111.000000
```

图 5-9　二分支结构：if-else 语句示例运行结果

二分支还有一种更简洁的表达方式：

```
<表达式 1> if <条件 > else <表达式 2>
```

以上一题为例，二分支简洁表达式示例如图 5-10 所示，运行结果如图 5-11 所示。

```
x = float(input('输入实整x='))
y = 5 * x - 6 if x <= 10 else 5 * x + 6
print('x=%.6f,y=%.6f' % (x, y))
```

图 5-10　二分支简洁表达式示例

```
输入实整x=21
21
x=21.000000,y=111.000000
```

图 5-11　二分支简洁表达式示例运行结果

3. 多分支结构:if-elif-else 语句

Python 中 if-elif-else 条件语句的格式如下:

```
if( 表达式 1):
    <语句块 1>
elif( 表达式 2):
    <语句块 2>
...
elif( 表达式 n):
    <语句块 n>
else:
    <语句块 m>
```

语义:依次判断表达式的值,当出现某个值为真时,则执行对应代码块 n,否则执行代码块 m。

注意,当某一条件为真时,则不会向下执行该分支结构的其他语句。

if-elif-else 语句执行流程图如图 5-12 所示。

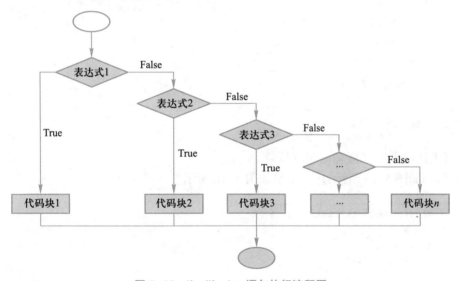

图 5-12　if-elif-else 语句执行流程图

例:阶梯函数。任意输入实数 x,按照如下公式计算并输出 y。

$$y = \begin{cases} 2x-7 & x \leqslant -50 \\ 5x-9 & x \leqslant -25 \\ 6x & x \leqslant 0 \\ 5x+9 & x \leqslant 25 \\ 2x+8 & x > 25 \end{cases}$$

代码示例如图 5-13 所示,运行结果如图 5-14 所示。

```
x = float(input('输入实数x='))
if x <= -50:
    y = 2 * x - 7
elif x <= -25:
    y = 5 * x - 9
elif x <= 0:
    y = 6 * x
elif x <= 25:
    y = 5 * x + 9
else:
    y = 2 * x + 8
print('x=%.6f,y=%.6f' % (x, y))
```

```
输入实数x=55
55
x=55.000000,y=118.000000
```

图 5-13   多分支结构:if-elif-else 语句示例　　图 5-14   多分支结构:if-elif-else 语句示例运行结果

4. if 语句的嵌套

if 嵌套语句:把 if 结构作为语句放入 if…else…的语句块中使用,从而在一个 if 结构中又套用了另一个 if 结构,形成 if 嵌套。Python 允许嵌套多层,因此使用 if 嵌套给程序设计带来了便利。

Python 中 if 嵌套语句的格式如下:

```
if < 表达式 1 >:
    if < 表达式 2 >:
        < 语句块 1 >
    elif < 表达式 3 >:
        < 语句块 2 >
else:
    < 语句 3 块 >
```

例:将上述例题用 if 嵌套语句改写。

代码示例如图 5-15 所示,运行结果如图 5-16 所示。

```
x = float(input('输入实数x='))
if x <= 0:
    if x <= -25:
        if x <= -50:
            y = 2 * x - 7
        else:
            y = 5 * x - 9
    else:
        y = 6 * x
else:
    if x <= 25:
        y = 5 * x + 9
    else:
        y = 2 * x + 8
print('x=%.6f,y=%.6f' % (x, y))
```

```
输入实数x=34
34
x=34.000000,y=76.000000
```

图 5-15   if 语句的嵌套示例　　　　图 5-16   if 语句的嵌套示例运行结果

5.2.3　循环结构

循环结构是程序加入条件判断结果后选择一条路径反复运行的方式。循环结构包括遍历循环和无限循环结构。

实现循环控制可以使用 for、while、break 和 continue 等。

1. 遍历循环:for 语句

Python 中 for 语句是通过循环遍历某一系列对象来构建循环,循环结束的条件就是对象被遍历完成。

Python 中 for 循环语句的格式如下:

```
for < 循环变量 > in < 遍历对象 >:
    < 语句块 1 >
[else:
    < 语句块 2 >]
```

语义:遍历 for 语句中的对象,每次循环,循环变量会得到遍历对象中的一个值,可在循环体中处理它;一般情况下,当遍历对象中的值全部用完时,会自动退出循环。语句块 1 就是 for 语句中的循环体,它的执行次数就是遍历对象中值的数量,else 语句中的语句 2 只有在循环正常退出时执行。

for-else 语句执行遍历循环流程如图 5-17 所示。

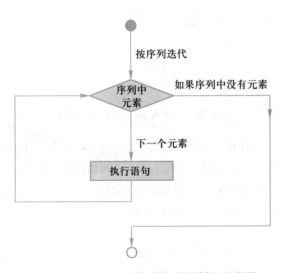

图 5-17　for-else 语句执行遍历循环流程图

例:加密。从键盘任意输入字符串 s,对 s 加密。加密方法:对于英文字母向后循环移动 6 位,其他字符保持不变。

注:每个字符在计算机中对应一个 ASCII 值:A——65、B——66、……、Z——90；a——97、b——98、……、z——122。

代码示例如图 5-18 所示,运行结果如图 5-19 所示。

```
s = input('输入明文s: ')
t = ''
for c in s:
    if c.isalpha():
        n = ord(c)
        m = n + 6
        if m > ord('z') or (m > ord('Z') and m < ord('Z') + 7):
            m -= 26
        t += chr(m)
    else:
        t += c
print('输出密文t: ', t)
```

图 5-18   for 语句执行遍历循环示例

输入明文s: *abcABCPythonXYZxyz*
abcABCPythonXYZxyz
输出密文t: ghiGHIVeznutDEFdef

图 5-19   for 语句执行遍历循环示例运行结果

2. 无限循环:while 语句

有时执行程序前无法确定遍历结构,需要编程语言提供条件从而进行循环的语法,称为无限循环,又称条件循环。绝大多数的循环结构都是用 for 语句来实现,而 while 语句在 Python 中主要用于构建特别的循环。

Python 中 while 循环语句的格式如下:

```
while < 条件 >:
    < 语句块 1 >
[else:
    < 语句块 2 >]              # 如果循环未被 break 终止,则执行
```

语义:while 语句包含与 if 语句相同的条件语句,如果条件为真就执行语句块 1(循环体);如果条件为假,则终止循环。while 语句中的 else 语句块的作用与 for 循环语句中的 else 语句块一样,当 while 循环不是由 break 语句终止时,则会执行 else 语句块中的语句。

注:与 for 循环不同的是,while 语句只有在测试条件为假时才会停止。

用 while 语句构造循环语句时,最容易出现测试条件永远为真的问题,导致死循环。因此在使用 while 循环时应仔细检查 while 语句的测试条件,避免出现死循环。while-else 语句执行无限循环流程图如图 5-20 所示。

例:计算并输出前 100 万个自然数的和。

代码示例如图 5-21 所示,运行结果如图 5-22 所示。

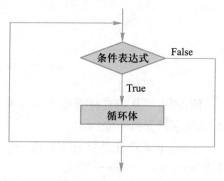

图 5-20   while-else 语句执行无限循环流程图

```
import math

i, s = 0, 0
while i < math.pow(10, 6):
    s = s + i
    i = i + 1
else:
    print('循环结束！')
print('Sum=', s)
```

图 5-21　while-else 语句示例

```
循环结束！
Sum= 499999500000
```

图 5-22　while-else 语句示例运行结果

3. 循环保留字：break 和 continue

循环结构有两个保留字：break 和 continue，用来辅助控制循环执行，防止陷入死循环。

break 保留字的作用是中断循环的执行，如果在 for 循环中执行 break 语句，for 循环的遍历会立即终止，即使还有未完成遍历的数据，仍然会终止 for 循环语句。

continue 保留字的作用是提前停止循环体的执行，开始下一轮循环。在 for 语句中如果执行 continue 语句，则 continue 语句后的循环体语句不会被执行，即提前结束本次循环，然后进入下一个遍历循环。

break 和 continue 保留字的作用的示例代码如图 5-23 所示，运行结果如图 5-24 所示。

```
for i in [1, 2, 3, 4, 5]:
    print(i)
    if i == 2:
        continue
    print(i, "的平方是：", i * i)
    if i == 4:
        break
else:
    print("循环结束！")
```

图 5-23　循环保留字：break 和 continue 示例

```
1
1 的平方是：　1
2
3
3 的平方是：　9
4
4 的平方是：　16
```

图 5-24　循环保留字：break 和 continue 示例运行结果

说明：当 i 遍历至 2 时，执行 continue 语句，提前结束循环体执行，开始下一轮循环，使得 2 的平方不会被输出；当 i 遍历至 4 时，执行 break 语句，直接终止循环体的执行，故 for 循环不是正常的结束，因此 else 中的语句不会被执行。

4. 选择、循环混合嵌套

混合嵌套：把 if、for 和 while 作为语句放入其他 if、for 和 while 的语句块中使用，从而形成多个结构的相互嵌套。

Python 中混合嵌套的格式如下：

```
if< 表达式 1>:
    while< 表达式 2>:
        < 语句块 1>
        if< 表达式 3>:
            < 语句块 2>
```

```
        for x in< 对象 >:
            < 语句块 3>
            if< 表达式 4>:
                < 语句块 4>
            < 语句块 5>
    else:
        < 语句块 6>
else:
    < 语句块 7>
...
```

选择、循环混合嵌套合法结构与非法结构如图 5-25 所示。

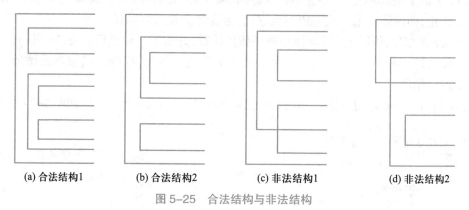

(a) 合法结构1　　(b) 合法结构2　　(c) 非法结构1　　(d) 非法结构2

图 5-25　合法结构与非法结构

例:迭代。输出九九乘法表。
代码示例如图 5-26 所示,运行结果如图 5-27 所示。

```
for i in range(1, 10):
    for j in range(1, i + 1):
        print('%1d*%1d=%2d' % (j, i, j * i), end='  ')
    print()
```

图 5-26　选择、循环混合嵌套示例

```
1*1= 1
1*2= 2  2*2= 4
1*3= 3  2*3= 6  3*3= 9
1*4= 4  2*4= 8  3*4=12  4*4=16
1*5= 5  2*5=10  3*5=15  4*5=20  5*5=25
1*6= 6  2*6=12  3*6=18  4*6=24  5*6=30  6*6=36
1*7= 7  2*7=14  3*7=21  4*7=28  5*7=35  6*7=42  7*7=49
1*8= 8  2*8=16  3*8=24  4*8=32  5*8=40  6*8=48  7*8=56  8*8=64
1*9= 9  2*9=18  3*9=27  4*9=36  5*9=45  6*9=54  7*9=63  8*9=72  9*9=81
```

图 5-27　选择、循环混合嵌套示例运行结果

例:矩阵相乘。计算并输出如下矩阵的乘积。

$$
\begin{array}{ll}
[1,2,3] & [1,2,3,4] \\
[2,3,5] & [2,3,4,5] \\
[3,4,5] & [3,4,5,6] \\
[4,5,6] &
\end{array}
$$

代码示例如图 5-28 所示，运行结果如图 5-29 所示。

```
x = [[1, 2, 3], [2, 3, 4], [3, 4, 5], [4, 5, 6]]
y = [[1, 2, 3, 4], [2, 3, 4, 5], [3, 4, 5, 6]]
z = [[0, 0, 0, 0], [0, 0, 0, 0], [0, 0, 0, 0], [0, 0, 0, 0]]
z = [[0] * len(y[0]) for i in range(len(x))]
for i in range(len(x)):
    for j in range(len(y[0])):
        t = 0
        for k in range(len(y)):
            t += x[i][k] * y[k][j]
        z[i][j] = t
print('矩阵X: ')
for i in range(len(x)):
    print(x[i])
print('矩阵Y: ')
for i in range(len(y)):
    print(y[i])
print('矩阵X*Y: ')
for i in range(len(z)):
    print(z[i])
```

```
矩阵X:
[1, 2, 3]
[2, 3, 4]
[3, 4, 5]
[4, 5, 6]
矩阵Y:
[1, 2, 3, 4]
[2, 3, 4, 5]
[3, 4, 5, 6]
矩阵X*Y:
[14, 20, 26, 32]
[20, 29, 38, 47]
[26, 38, 50, 62]
[32, 47, 62, 77]
```

图 5-28　选择、循环混合嵌套示例　　　　图 5-29　选择、循环混合嵌套示例运行结果

5.3　random 库的使用

使用 random 库函数的主要目的是生成随机数，可根据使用场景匹配合适的随机函数。库中提供了不同类型的随机数函数，均基于最基本的 random.random() 函数扩展实现的。

random 库常用的 9 种随机数生成函数如表 5-2 所示。

表 5-2　random 库常用随机数生成函数

函数	描述
seed(a=None)	改变随机数生成器的种子，可以在调用其他随机模块函数之前调用此函数
random()	随机生成一个实数，它在 [0,1) 范围内
randint(a,b)	生成一个 [a,b] 内的整数
getrandbits(k)	生成一个 k 比特长度的随机数
randrange(start,stop,[step])	生成一个 [start,stop] 内以 step 为步数的随机整数
uniform(a,b)	生成一个 [a,b] 内的随机数
choice(seq)	从序列类型，如列表中随机返回一个元素
shuffle(seq)	将序列类型中的元素随机排列，返回打乱后的序列
sample(pop,k)	从 pop 类型中随机选取 k 个元素，以列表类型返回

random 库的引用与 math 库的引用方法一样,通过下面两种方式实现。

```
import random
```

或

```
from random import *
```

注:每次语句执行后的结果不一定一样。

random 库常用随机数生成函数示例如图 5-30 所示,运行结果如图 5-31 所示。

```
import random

print("seed:",random.seed(6))
print("random:",random.random())
print("randint:",random.randint(0,9))
print("randrange:",random.randrange(0,100,4))
print("uniform:",random.uniform(1,10))
print("choice:",random.choice(range(100)))

#将一个列表中的元素打乱顺序, 使用这个方法不会生成新的列表, 只是将原列表的次序打乱
x=[i for i in range(10)]
print(x)
random.shuffle(x)
print("shuffle:",x)

#用于截取列表的指定长度的随机数, 但是不会改变列表本身的排序, 取值随机, 但一定是k个
x=[i for i in range(10)]
print("sample:",random.sample(x,2))
```

图 5-30　random 库常用随机数生成函数示例

```
seed: None
random: 0.793340083761663
randint: 1
randrange: 60
uniform: 7.859951476414452
choice: 4
[0, 1, 2, 3, 4, 5, 6, 7, 8, 9]
shuffle: [3, 1, 9, 4, 8, 5, 6, 7, 2, 0]
sample: [7, 3]
```

图 5-31　random 库常用随机数生成函数示例运行结果

注:生成随机数之前可通过 random.seed( ) 函数指定随机数种子,一般为整数,只要种子相同,每次生成的随机数序列是一样的,示例代码和运行结果如图 5-32 和图 5-33 所示。

```
import random
random.seed(6)
print("{}.{}.{}".format(random.randint(1, 10), random.randint(1, 10), random.randint(1, 10)))
print("**********")
print("{}.{}.{}".format(random.randint(1, 10), random.randint(1, 10), random.randint(1, 10)))
print("**********")
random.seed(6)
print("{}.{}.{}".format(random.randint(1, 10), random.randint(1, 10), random.randint(1, 10)))
```

图 5-32　指定随机数种子示例

```
10.2.8
***********
5.1.1
***********
10.2.8
```

图 5-33 指定随机数种子示例运行结果

5.4 程序异常处理

程序出现逻辑错误或者用户输入不合法都会引发异常,可利用 Python 提供的异常处理机制,包括捕捉异常和异常处理。在异常出现时及时捕获,并从内部自我消化掉。

5.4.1 捕捉异常

Python 异常信息中最重要的部分是异常类型,它表明发生异常的原因,也是程序处理异常的依据。常见异常类型如表 5-3 所示。

表 5-3 常见异常类型

异常名称	异常说明
AssertionError	断言语句失败(assert 条件不成立)
ArithmeticError	数值计算错误
AttributeError	访问对象不存在的属性
EOFError	文件读写遇到 EOF 出错
Exception	所有错误
FloatingPointError	浮点计算错误
ImportError	导入模块错误
IndentationError	缩进错误
IndexError	对象索引(下标)超出范围
IOError	输入输出错误
KeyboardInterrupt	用户中断执行(按 Ctrl+C 键)
KeyError	访问字典中不存在的 key
MemoryError	内存溢出错误
NameError	访问不存在的变量
OSError	操作系统产生的异常
OverflowError	数值运算溢出(超出最大限制)

续表

异常名称	异常说明
RuntimeError	运行错误
SyntaxError	语法错误
TabError	Tab 和空格混用错误
TypeError	类型错误(类型转换)
ValueError	参数无效
ZeroDivisionError	除数为 0

5.4.2　异常处理

在程序的运行过程中,如果出现了异常,不但需要捕捉相应的异常,而且需要给出合理的处理方法,进而确保程序正常运行。

异常处理:根据出现的异常原因,确定异常种类,设计相应的处理方案。Python 使用 try-except 语句实现异常处理,其基本语法格式如下:

```
try:
    < 语句块 1 >
except< 异常类型 1 >:
    < 语句块 2 >
```

异常处理示例如图 5-34 所示。

```
try:
    num = eval(input("请输入一个整数："))
    print("整数的平方: ", num ** 2)
except NameError:
    print("输入错误，请输入一个整数")
```

图 5-34　异常处理示例

当示例输入正确的整数时,运行结果如图 5-35 所示。

当示例输入非整数字符时,结果如图 5-36 所示。

```
请输入一个整数: 4
4
整数的平方:  16
```

```
请输入一个整数：No
No
输入错误，请输入一个整数
```

图 5-35　当示例输入正确的整数时的运行结果　　　图 5-36　当示例输入非整数字符时的运行结果

除了最基本的 try-except 用法,Python 异常还有一些略微高级的用法,在实际程序设计中也十分实用。

try-except 语句支持多个 except 语句,语法格式如下:

```
try:
    <语句块 1>
except< 异常类型 1>:
    <语句块 2>
...
except< 异常类型 N>:
    <语句块 N+1>
except:
<语句块 N+2>
```

其中,第 1 到第 N 个 except 语句后面指定了异常类型,说明这些 except 所包含的语句块只处理这些类型的异常,最后一个 except 语句没有指定任何类型,表示对应的语句块处理所有其他异常。

例:用户输入的数字作为索引从字符串 alp 中返回一个字符。

代码示例如图 5-37 所示。

```
try:
    alp = "ABCDEFGHIJKLMNOPQRSTUVWXYZ"
    idx = eval(input("请输入一个整数:"))
    print("%s是第%s个字母"%(alp[idx-1], idx))
except NameError:
    print("输入错误,请输入一个整数!")
except:
    print("其他错误。")
```

图 5-37 多个 except 语句示例

当示例输入正确的整数时,结果如图 5-38 所示。

```
请输入一个整数:2
B是第2个字母
```

图 5-38 当示例输入正确的整数时的运行结果

当示例输入非整数字符时,被 NameError 异常捕获,运行结果如图 5-39 所示。

```
请输入一个整数:df
输入错误,请输入一个整数!
```

图 5-39 当示例输入非整数字符时的运行结果

当示例输入整数不在 1 ~ 26 之间时,运行结果如图 5-40 所示。

```
请输入一个整数:44
其他错误。
```

图 5-40 当示例输入整数不在 1 ~ 26 之间时的运行结果

除了 try-except 保留字以外,异常语句还可以配合使用 else 和 finally 保留字,语法格式如下:

```
try:
< 语句块 1>
except< 异常类型 1>:
< 语句块 2>
else:
< 语句块 3>
finally:
< 语句块 4>
```

说明:此处 else 语句与 for 循环和 while 循环中的 else 语句一样,当 try 语句块 1 正常执行结束且没有异常时,else 中的语句块 3 执行,看作为对 try 语句块正常执行的一种追加处理。finally 语句块不论 try 语句块 1 是否异常,语句块 4 都会执行,可将程序执行语句块 1 后的一些收尾工作放在这里执行。

将上述示例进行修改后如图 5-41 所示。

```
try:
    alp = "ABCDEFGHIJKLMNOPQRSTUVWXYZ"
    idx = eval(input("请输入一个整数:"))
    print("%s是第%s个字母"%(alp[idx-1],idx))
except NameError:
    print("输入错误,请输入一个整数!")
else:
    print("没有发生异常。")
finally:
    print("程序执行完毕,不知道是否发生了异常。")
```

图 5-41   修改上述示例

当示例输入正确的整数时,运行结果如图 5-42 所示。

```
请输入一个整数:5
E是第5个字母
没有发生异常。
程序执行完毕,不知道是否发生了异常。
```

图 5-42   当示例输入正确的整数时的运行结果

当示例输入非整数序列时,运行结果如图 5-43 所示。

```
请输入一个整数:NO
输入错误,请输入一个整数!
程序执行完毕,不知道是否发生了异常。
```

图 5-43   当示例输入非整数序列时的运行结果

本 章 实 验

实验 5-1　按照要求,完成如下程序设计

1. 判断素数。从键盘输入一个整数 n,判断并输出 n 是否为素数。

2. 最大公约数。从键盘输入 2 个整数 m 和 n,计算并输出 m、n 的最大公约数。

3. 从键盘输入实数 x 和整数 n,计算并输出 f(x,n)。

$$f(n) = n!$$

$$f(n) = 1! + 2! + \cdots + n!$$

$$f(x,n) = x + x^2 + \cdots + x^n$$

$$f(x,n) = x + \frac{x^2}{2!} + \frac{x^3}{3!} + \frac{x^4}{4!} + \cdots + \frac{x^n}{n!}$$

$$f(x,n) = x - \frac{x^3}{3!} + \frac{x^5}{5!} - \frac{x^7}{7!} + \cdots + (-1)^{n-1}\frac{x^{2n-1}}{(2n-1)!}$$

4. 计算并输出 n 项的和值 $s = a + aa + aaa + \cdots + aa\cdots a$,其中 a 是一个数字,要求 n、a 均由键盘输入。例:$n=4, a=3$,则 $s=3+33+333+3333$。

实验 5-2　按照要求,完成如下程序设计

1. 解密。从键盘任意输入密文字符串 s,对 s 解密。解密方法:对于英文字母,向前循环移动 6 位,其他字符保持不变。

2. 输出如下图案:

```
     *
    **
   ***
  ****
 *****
******
```

3. 矩阵相加。计算并输出如下矩阵的和。

$$[1,2,3,4] \quad [4,3,2,1]$$
$$[2,3,4,5] \quad [5,4,3,2]$$
$$[3,4,5,6] \quad [6,5,4,3]$$
$$[4,5,6,7] \quad [7,6,5,4]$$

4. 冒泡排序。任意输入 n 个整数,按照冒泡排序法降序排序。

5. 任意输入一个字符串,实现字母的大小写转换,其他字符保持不变。

实验 5-3　异常处理实验

按照要求,完成如下异常处理。

从键盘任意输入一个字符串 s、捕捉并输出 s＝s+6 的异常类型、异常内容和跟踪信息,并利用 finally 输出 "运行结束"。

本 章 习 题

1. 简述结构化程序设计的基本结构。
2. 简述选择结构的实现方法。
3. 简述循环结构的实现方法。
4. 简述 continue 和 break 的用法。
5. 简述选择结构和循环结构的混合嵌套。举例说明典型结构。
6. 解释异常和异常处理。简述异常处理的语法结构。

本 章 慕 课

微视频 5-1   本题重点:使用基本的 if-else 选择语句实现分段函数计算。

题目:计算下列分段函数 f(x) 的值。

$$y = \begin{cases} f(x) = 1/x, & x!=0 \\ f(x) = 0, & x==0 \end{cases}$$

输入格式:在一行中给出整数 x。
输出格式:在一行中按 "f(x)=result" 的格式输出,其中 result 保留一位小数。

微视频 5-1   计算分段函数

微视频 5-2   本题重点:使用二分支 if 语句实现对闰年的判断。

题目:任意输入一个年份 x,判断并输出是否为闰年。
若为闰年,则输出 "x 是闰年",否则输出 "x 是平年"。
注:闰年是能被 400 整除,或者能被 4 整除同时不能被 100 整除的年份。

微视频 5-2   判断闰年

微视频 5-3　本题重点:使用多分支 if 语句判断数字的大小。有两种方法可以实现。

题目:输入三个整数 x、y、z,按升序对 x、y、z 进行排序。

微视频 5-3　对 x、y、z 进行排序

微视频 5-4　本题重点:使用 for 循环语句,对区间内的数字进行求和,使用"end"可对输出格式进行控制。

题目:给定两个整数 A 和 B,输出从 A 到 B 的所有整数以及这些数的和。

输入格式:在一行中给出两个整数 A 和 B,其中 −100≤A≤B≤100,其间以空格分隔。

输出格式:首先顺序输出从 A 到 B 的所有整数,每 5 个数字占一行,每个数字占 5 个字符宽度,向右对齐。最后一行中按 sum=x 的格式输出全部数字之和 x。

微视频 5-4　求整数段和

微视频 5-5　本题重点:创建一个列表,将输入整数添加到列表中。

通过使用内置字符串处理函数选择最小的数字,最后实现升序排序的算法。注:选择排序算法的思想是,每次从待排序的列表中选出最小(最大)的一个元素,存放在已排序的序列末尾,直至待排序列的数据元素为 0。

题目:任意输入 n 个整数,按照选择排序法升序排序。

输入格式:在一行中输入一个正整数 n,接下来输入 n 行整数。

输出格式:输出排序结果,中间以一个空格隔开。

微视频 5-5　对 n 个数进行排序

微视频 5-6　本题重点:使用略微复杂的 for 嵌套循环语句,输出所有符合题意的结果。可实现数学中的排列组合问题。

题目:百钱买百鸡。鸡翁一值钱五,鸡母一值钱三,鸡雏三值钱一。问鸡翁、鸡母、鸡雏各几何?

微视频 5-6　百钱买百鸡

微视频 5-7　本题重点:使用 for 循环语句进行倒序遍历,寻找最大公约数 i,进而使用公式 "A*B/i" 求解最小公倍数。

题目:输出给定的两个正整数的最大公约数和最小公倍数。

输入格式:在一行中给定两个正整数 A 和 B。

输出格式:在一行中顺序输出 A 和 B 的最大公约数和最小公倍数,中间以一个空格分隔。

微视频 5-7　最大公约数和最小公倍数

微视频 5-8　本题重点:使用嵌套 for 循环语句对乘法表进行遍历,使用 "\t" 表示一个 Tab 大小的占位符。

题目:下面是一个完整的下三角九九口诀表。

$1 \times 1=1$								
$1 \times 2=2$	$2 \times 2=4$							
$1 \times 3=3$	$2 \times 3=6$	$3 \times 3=9$						
$1 \times 4=4$	$2 \times 4=8$	$3 \times 4=12$	$4 \times 4=16$					
$1 \times 5=5$	$2 \times 5=10$	$3 \times 5=15$	$4 \times 5=20$	$5 \times 5=25$				
$1 \times 6=6$	$2 \times 6=12$	$3 \times 6=18$	$4 \times 6=24$	$5 \times 6=30$	$6 \times 6=36$			
$1 \times 7=7$	$2 \times 7=14$	$3 \times 7=21$	$4 \times 7=28$	$5 \times 7=35$	$6 \times 7=42$	$7 \times 7=49$		
$1 \times 8=8$	$2 \times 8=16$	$3 \times 8=24$	$4 \times 8=32$	$5 \times 8=40$	$6 \times 8=48$	$7 \times 8=56$	$8 \times 8=64$	
$1 \times 9=9$	$2 \times 9=18$	$3 \times 9=27$	$4 \times 9=36$	$5 \times 9=45$	$6 \times 9=54$	$7 \times 9=63$	$8 \times 9=72$	$9 \times 9=81$

对任意给定的一位正整数 N,输出从 1×1 到 $N \times N$ 的部分口诀表。

微视频 5-8　打印九九口诀表

微视频 5-9　本题重点:使用 try-except 语句捕捉程序执行异常,掌握一些常见的程序异常信息。

题目:通过捕捉异常,输出 x/y,除数为 0 时的异常类型和异常信息。

微视频 5-9　判断异常实例

微视频 5-10　本题重点:使用 try-except 语句捕捉程序运行时可能出现的异常信息,使用 while 循环语句,直至程序不出现异常,正常执行。掌握一些常见的程序异常信息,如除数为 0 错误、下标索引越界等。

题目:输入 x,计算 u=y[x]/(y[x]−2)(y=[1,2,3]),捕捉程序运行时可能出现的类型错误,除数为 0 和下标索引越界,直至程序运行结束。

微视频 5-10　异常综合实例

程序源代码:第 5 章

第 6 章　　　函数与模块

本章的学习目标：
(1) 掌握函数的定义和调用方法。
(2) 理解函数的传递参数过程以及变量的作用范围。
(3) 理解函数递归的定义和使用方法。
(4) 掌握时间日期标准库的使用。
(5) 掌握 Python 常用的内置函数使用方法。
(6) 掌握模块的定义和调用方法。

　　模块和函数是程序设计过程中利用率最高的重要对象。模块是包含变量、函数或者类的程序文件。函数是具有特定功能的程序。

　　模块(函数)分为系统模块(函数)和用户模块(函数)。

　　用户不但可以直接使用 Python 提供的系统自带模块(函数)，而且可以设计满足实际需要的用户定义模块(函数)。

　　充分利用模块及其函数是设计高质、高效程序的最有效的手段。

　　Python 的最大优势是支持大量丰富的第三方模块。

　　本章主要介绍用户定义函数和用户定义模块的详细使用方法。

6.1　函数的定义与调用

电子教案：第 6 章
函数与模块

6.1.1　函数的定义与调用

　　用户定义函数的内容包括函数的定义和函数的调用，形式参数(形参)和实际参数(实参)及其传递，局部变量和全局变量等。

　　函数是一段具有特定功能的、可重用的语句组，用函数名来表示并通过函数名进行调用。函数也可理解为一段具有名字的代码段，仅在需要时进行调用，而无须在每处重复编写该代码段。每次调用函数可以使用不同的参数输入，从而实现对不同数据的处理；函数执行后，还可以反馈相应的处理结果。函数能提高应用的模块性和代码的重复利用率。

　　可以把函数视为一个黑盒子，是一种功能的抽象。

　　函数分为两种：第一种是用户自己编写的函数，称为自定义函数；第二种是 Python 安装包中自带的函数和方法，包括 Python 内置函数、Python 标准库中的函数等。

　　使用函数的目的主要是降低编程难度和提高应用的模块性和代码的重复利用率。

　　把一个复杂的大问题细化成一系列小问题，直至足够简单，进行分而治之，为每个问题编写程序,并进行函数封装,最后迎刃而解。这是一种自顶向下的程序设计思想。

1. 函数的定义

Python 使用 def 保留字定义一个函数,语法形式如下:

```
def< 函数名 >(< 参数列表 >):
    < 函数体 >
    return< 返回值列表 >
```

函数名可以是任何有效的 Python 标识符。

参数列表是调用该函数时传递给它的值,可以有 0 个、一个或者多个,当传递多个参数时,各参数用逗号分隔,当没有参数传入时也要保留小括号。函数定义中参数列表里面的参数是形式参数,简称"形参"。

形参:形式上的参数。在设计函数时,形参可以没有确定的值,也可以不指定确定的类型,但是不能影响后续的运算(隐含了满足后续运算的数据类型)。省略形参的函数称为无参函数,否则称为有参函数。

函数体是函数每次被调用时执行的代码,由一行或多行语句组成。

返回值:调用函数后,返回一个或多个值。当需要返回值时,需要保留字 return 和返回值列表,否则函数可以没有 return 语句,函数体执行结束后,控制权返回给调用者。

2. 函数的调用

调用一个函数需要执行以下 4 个步骤。

(1) 调用程序在调用前暂停执行。

(2) 在调用时将实参赋值给函数的形参。

(3) 执行函数体语句。

(4) 函数调用结束给出返回值,程序回到调用前的暂停状态并继续执行。

函数调用和执行的一般形式如下:

```
< 函数名 >(< 参数列表 >)
```

参数列表中给出要传入内部的参数,此时的参数为实际参数,简称"实参"。

实参:实际使用时,拥有确定值的参数。在调用函数时,实参必须拥有确定的值和数据类型。特别强调:实参的个数要与形参的个数相等,顺序必须一致,而且各实参的数据类型也必须与相应的形参保持相同,即满足个数相等、顺序一致、类型相同 3 要素。

编写程序为 Mike 输出生日歌,示例如图 6-1 所示。

```
print("Happy Birthday to you!")
print("Happy Birthday to you!")
print("Happy Birthday ,dear Mike!")
print("Happy Birthday to you!")
```

图 6-1　生日歌示例

其中第 1、2、4 行代码相同,如果将 Birthday 改为 New Year,则每处都要修改。为了避免重复编写,可用函数进行封装。

　　对以上示例进行函数封装,修改结果如图 6-2 所示,运行结果如图 6-3 所示。可实现关键词的修改。

```
def Happy():
    print("Happy birthday to you!")

def HappyB(name):
    Happy()
    Happy()
    print("Happy birthday,dear {}!".format(name))
    Happy()

HappyB("Mike")
print("\t")

def HappyC(name):
    print("Happy {} to you!".format(name))

HappyC("New Year")
HappyC("Birthday")
```

图 6-2　函数封装示例

```
Happy birthday to you!
Happy birthday to you!
Happy birthday,dear Mike!
Happy birthday to you!


Happy New Year to you!
Happy Birthday to you!
```

图 6-3　函数封装示例运行结果

　　说明:函数 HappyB( ) 和 HappyC( ) 的括号中的 name 是形参,用来指代将要输入函数的实际变量,并参与完成函数内部功能。在调用函数时,输入的 "Mike""New Year" 和 "Birthday" 均为实参,替换 name,用于函数执行。

　　上述示例中,第 1 ~ 7 行完成了函数的定义,而函数只有在被调用时才被执行,因此,在程序执行时,前 7 行代码都暂不执行。程序最先执行的语句是第 8 行的 HappyB("Mike")。当 Python 执行到此行时,调用了 HappyB( ) 函数,当前执行暂停,程序用实参 "Mike" 替换 HappyB(name) 中的形参 name,形参被赋值为实参的值,类似执行如下语句:

```
name= "Mike"
```

　　然后使用实参代替形参执行函数体内容。当函数执行完毕后,重新回到第 8 行,继续执行余下语句,HappyC( ) 的实参传入同理可得。

6.1.2 lambda 函数

　　lambda 保留字用于定义一种特殊的函数——匿名函数,又称 lambda 函数。匿名函数并非没有名字,而是将函数名作为函数结果返回,语法格式如下:

```
< 函数名 > =lambda   < 参数列表 >: < 表达式 >
```

lambda 函数与正常函数一样,等价于下面形式:

```
def < 函数名 >(< 参数列表 >):
    return < 表达式 >
```

　　简单地说,lambda 函数用于定义简单的、能够在一行内表示的函数,返回一个函数类型。使用 lambda 函数示例和输出结果如图 6-4 和图 6-5 所示。

```
f = lambda x, y: x + y
print(type(f))
print("x + y = ", f(10, 12))
```

```
<class 'function'>
x + y =  22
```

图 6-4　使用 lambda 函数示例　　　　　　图 6-5　使用 lambda 函数示例运行结果

6.2　函数的参数传递

　　参数传递:在调用函数的过程中,实参向形参传递数据的过程,即把程序中实参的值传递给函数的形参,函数的形参获得数据后参加后续的运算。

　　参数传递不但需要考虑参数的可变性(不变参数、可变参数),而且需要考虑参数的类型(必传参数、可选 / 默认值参数、关键字参数、变长参数)。

　　函数可以定义可选参数,使用参数位置或名称传递参数值,根据函数中变量的不同作用域有不用的函数返回值方式。

6.2.1 不变参数与可变参数

1. 不变参数

　　不变参数:在程序中,只能使用,不可修改的参数,如整数、实数、复数、字符串、逻辑值和元组等。

　　例如,u = 11,u = 1.1,u = 2 + 3j,u = "abcd",u = True,u = (1,2,3,4)等。

　　不变参数传递:把不变参数 u(实参)的值传递给函数的形参 v,传递结束之后,u 与 v 不再相关,互不影响(u 仅接收 v 的值)。

因此,后续再在函数内部修改 v 的值不会影响 u。

不变参数传递过程的代码示例和输出结果如图 6-6 和图 6-7 所示。

```
def fu(a, b, c, d, e, f):
    a=6
    b=6.6
    c=6+6j
    d='666'
    e=True
    f=(6, 6, 6)
    print('调用函数内部:', a, b, c, d, e, f)
u=1
v=1.1
w=1+1j
x='111'
y=False
z=(1, 1, 1)
print('调用函数之前:', u, v, w, x, y, z)
fu(u, v, w, x, y, z)
print('调用函数之后:', u, v, w, x, y, z)
```

图 6-6   不变参数传递过程代码示例

```
调用函数之前:  1 1.1 (1+1j) 111 False (1, 1, 1)
调用函数内部:  6 6.6 (6+6j) 666 True (6, 6, 6)
调用函数之后:  1 1.1 (1+1j) 111 False (1, 1, 1)
```

图 6-7   不变参数传递过程输出结果

2. 可变参数

可变参数:在程序中,既能使用,又可以修改的参数,如列表和字典等。

例如,u=[1,2,3,4],u={'a':1, 'b':2, 'c':3, 'd':4} 等。

可变参数传递:把可变参数 u(实参)的 id 传递给函数的形参 v,传递结束之后,u 与 v 建立了关联,同时引用一个对象(即指向同一内容地址 id)。因此,后续函数内部修改 v 的值,会同时修改 u 的值。

特别提醒:如果在函数内部重新修改整个 v,则不会影响相应 u 的值。因为如果给整个 v 重新赋值,则会给 v 重新分配 id,这时 u 与 v 不再相关,这样就不会再影响 u 了。

可变参数元素修改传递过程的代码示例和输出结果如图 6-8 和图 6-9 所示。

```
def fu(x, y):
    x[0]=x[1]=6
    y['e']=6
    print('调用函数内部:', x, y)
u=[1, 2, 3, 4, 5]
v={'a':1, 'b':2, 'c':3, 'd':4, 'e':5}
print('调用函数之前:', u, v)
fu(u, v)
print('调用函数之后:', u, v)
```

图 6-8   可变参数元素修改传递过程的代码示例

```
调用函数之前:  [1, 2, 3, 4, 5] {'a': 1, 'b': 2, 'c': 3, 'd': 4, 'e': 5}
调用函数内部:  [6, 6, 3, 4, 5] {'a': 1, 'b': 2, 'c': 3, 'd': 4, 'e': 6}
调用函数之后:  [6, 6, 3, 4, 5] {'a': 1, 'b': 2, 'c': 3, 'd': 4, 'e': 6}
```

图 6-9   可变参数元素修改传递过程输出结果

可变参数重新赋值传递过程的代码示例和输出结果如图 6-10 和图 6-11 所示。

```
def fu(x, y):
    x=[6, 6, 6]
    y={'r':9, 's':9, 't':9}
    print('调用函数内部: ', x, y)
u=[1, 2, 3, 4, 5, 6]
v={'a':1, 'b':2, 'c':3, 'd':4, 'e':5}
print('调用函数之前: ', u, v)
fu(u, v)
print('调用函数之后: ', u, v)
```

图 6-10   可变参数重新赋值传递过程的代码示例

```
调用函数之前:  [1, 2, 3, 4, 5, 6] {'a': 1, 'b': 2, 'c': 3, 'd': 4, 'e': 5}
调用函数内部:  [6, 6, 6] {'r': 9, 's': 9, 't': 9}
调用函数之后:  [1, 2, 3, 4, 5, 6] {'a': 1, 'b': 2, 'c': 3, 'd': 4, 'e': 5}
```

图 6-11   可变参数重新赋值传递过程示例输出结果

6.2.2   参数类型

1. 必传参数

必传参数是严格按照形参的个数、顺序和类型(即符合运算的语法要求),相应的实参必须传递的参数。

(1) 个数相等:实参的个数与相应形参的个数相等。

(2) 顺序一致:实参的顺序与相应形参的顺序一致。

(3) 类型相同:实参的类型与相应形参的类型一致。

必传参数的传递过程代码示例和输出结果如图 6-12 和图 6-13 所示。

```
def fu(x, y):
    x=x*x-9
    y='Welcome...'+y+'HappyYou!'
    z=not x
    return x, y, z
u=eval(input('输入1个数据: '))
v=input('输入姓名: ')
w=fu(u, v)
print('奖金: ', w[0])
print(w[1])
if w[2]:
    print('婚否: 已婚!')
else:
    print('婚否: 未婚!')
```

图 6-12   必传参数的传递过程代码示例

```
输入1个数据: 99
输入姓名: Marry
奖金:  9792
Welcome...MarryHappyYou!
婚否: 未婚!


=============== RESTART:
==
输入1个数据: 3
输入姓名: Tom
奖金:  0
Welcome...TomHappyYou!
婚否: 已婚!
```

图 6-13   必传参数的传递过程示例输出结果

2. 可选 / 默认值参数

在定义函数时,如果有些参数存在默认值,即部分参数不一定需要调用程序输入,可以在定义函数时直接为这些参数指定默认值。当函数被调用时,如果没有传入的参数值,则使用函数定义时的默认值替代。可选参数与可变数量参数示例如图 6-14 所示,运行结果如图 6-15 所示。

```
def dup(str, times=2):
    print(str * times)


dup("knock~")
dup("knock~", 4)
```

```
knock~knock~
knock~knock~knock~knock~
```

图 6-14　可选参数与可变数量参数示例　　　　图 6-15　可选参数与可变数量参数示例运行结果

需要注意的是,由于函数调用时需要按顺序输入参数,故可选参数必须定义在非可选参数的后面,即 dup( ) 函数中带默认值的可选参数 times 必须定义在 str 参数后面。

6.2.3　参数传递

函数调用时,实参默认按照位置顺序传递给函数,如上述示例,dup("knock~",4) 中,第一个实参默认值传递给形参"str"。第二个实参传递给形参"times"。但如果参数很多时,该方式的程序可读性很差,如果不看函数定义只看实际调用的函数,很难正确理解输入参数的含义。

为了解决上述问题,Python 提供了按照形参名称输入实参的方式,参数传递示例如图 6-16 所示,运行结果如图 6-17 所示。

```
def func(x1, y1, z1, x2, y2, z2):
    return x1, y1, z1, x2, y2, z2


result = func(x2=4, y2=5, x1=1, z1=6, y1=8, z2=3)
print("result=", result)
```

```
result= (1, 8, 6, 4, 5, 3)
```

图 6-16　参数传递示例　　　　　　　　　　图 6-17　参数传递示例运行结果

注意:由于调用函数时指定了参数名称,所以参数之间的顺序可以任意调整。

6.2.4　函数返回值

return 语句用于退出函数,并将程序返回到函数被调用的位置继续执行。return 语句可以同时将 0 个、1 个或者多个函数运算后的结果返回给函数被调用处的变量。不带参数值的 return 语句返回 None。return 语句返回值示例如图 6-18 所示,运行结果如图 6-19 所示。

```
knock~
knock~
knock~
knock~
knock~
knock~
knock~
knock~
```

```
def func(a, b):
    return a * b


s = func("knock~\n", 8)
print(s)
```

图 6-18　return 语句示例　　　　　　　　图 6-19　return 语句示例运行结果

函数也可以用 return 语句返回多个值,多个值以元组类型保存。return 语句返回多个值示例如图 6-20 所示,运行结果如图 6-21 所示。

```
def func(a, b):
    return a * b, a, b


s = func("knock~", 3)
print(s, type(s))
```

图 6-20　return 语句返回多个值示例

```
('knock~knock~knock~', 'knock~', 3) <class 'tuple'>
```

图 6-21　return 语句返回多个值示例运行结果

6.2.5　局部变量与全局变量

程序中变量一般分为两种:局部变量和全局变量。

局部变量:在函数内部定义的变量,局部变量只能在函数的内部有效,不能在函数外被引用,当函数退出时变量将不存在。

全局变量:在函数之外定义的变量,全局变量拥有更大的作用域,一般没有缩进,程序执行全程有效。

定义局部变量示例如图 6-22 所示,运行结果如图 6-23 所示。

```
def func(a, b):
    c = a * b        #c是局部变量, a和b作为函数参数也是局部变量
    return c


s = func("knock~", 3)
print(c)
```

图 6-22　局部变量示例

```
Traceback (most recent call last):
  File "/media/D/xjw/MNI/Book-exp/bianpython.py", line 476, in <module>
    print(c)
NameError: name 'c' is not defined
```

图 6-23　局部变量示例运行结果

发现程序报错,"c"没有被定义,说明当函数 func( ) 执行完后直接退出,其内部变量被内存释放。若内部使用全局变量,定义全局变量示例如图 6-24 所示,运行结果如图 6-25 所示。

```
n = 1  # n为全局变量
def func(a, b):
    n = b  # 这个n是函数中新生的局部变量
    return a * b


s = func("knock~", 3)
print(s,"\n", "n=", n)
```

图 6-24　全局变量示例

```
knock~knock~knock~
 n= 1
```

图 6-25　全局变量示例运行结果

由示例输出结果可看出,函数 func( ) 内部使用了变量 n,并将参数 b 的值赋给 n,但是结果 n=1,没有被函数 func( ) 影响,在 func( ) 内部有自己的内存空间,n=b 时,n 为一个新生成的局部变量,所以函数退出执行后,局部变量 n 被释放,全局变量 n 的值没有改变。若想让 func( ) 函数把 n 作为全局变量,需要在变量 n 前进行操作,声明该变量为全局变量。声明全局变量一般使用 global( ) 函数,使用 global( ) 函数定义全局变量示例如图 6-26 所示,运行结果如图 6-27 所示。

```
n = 1   # n为全局变量
def func(a, b):
    global n
    n = b   # 这个n是函数中新生的局部变量
    return a * b

s = func("knock~", 3)
print(s,"\n", "n=", n)
```

```
knock~knock~knock~
n= 3
```

图 6-26 使用 global( ) 函数定义全局变量示例   图 6-27 使用 global( ) 函数定义全局变量示例运行结果

如果此时的全局变量不是整数 n,而改为列表类型 ls,示例如图 6-28 所示,运行结果如图 6-29 所示。

```
ls = []

def func(a, b):
    ls.append(b)   # 将局部变量b增加到全局列表变量中
    ls.append(a)
    return a * b

s = func("knock~", 3)
print(s, "\n", "ls =", ls)
```

图 6-28 定义列表类型作为全局变量示例

```
knock~knock~knock~
ls = [3, 'knock~']
```

图 6-29 定义列表类型作为全局变量示例运行结果

通过上述示例可以发现,与整数变量 n 不同,全局列表 ls 变量会在函数 func( ) 调用后发生变化。

本节相关知识涉及第 4 章内容,列表等组合数据类型由于操作多个数据,所以它们在使用中有创建和引用的分别。当列表变量被中括号赋值时,这个列表才被真实创建,否则只是对之前创建列表的一次引用。

上述示例中,函数 func( ) 的 ls.append(b) 语句执行时需要一个真实创建的列表。此时。函数 func( ) 专属的内存空间中没有已经创建过名称为 ls 的列表,故函数 func( ) 进一步去寻找全局内存空间,去关联全局 ls 列表,并修改其内容。当函数 func( ) 执行结束退出后,全局 ls 列表中的内容被修改。简单地说,对于列表类型,函数可以直接使用全局列表,并不需要像整数变量似的进行 global 全局变量声明。

　　注意：如果函数 func( ) 内部存在一个真实创建过的名称为 ls 的列表，则函数 func( ) 将操作该列表而不会修改全局变量 ls 列表。示例如图 6-30 所示，运行结果如图 6-31 所示。

```
ls = []

def func(a, b):
    ls=[]          #创建了名称为ls的局部列表
    ls.append(b)   # 将局部变量b增加到全局列表变量中
    return a * b

s = func("knock~", 4)
print(s, "\n", " ls =", ls)    #测试一下ls是否改变
```

图 6-30　函数中创建列表变量示例

```
knock~knock~knock~knock~
 ls = []
```

图 6-31　函数中创建列表变量示例运行结果

　　总结，Python 函数对变量作用遵守如下原则。

　　（1）简单数据类型变量无论与全局变量是否重名，仅在函数内部创建与使用，函数执行退出后变量被释放，其同名全局变量值不变。

　　（2）简单数据类型变量在用 global 保留字声明后，即变为全局变量使用，函数执行退出后该变量保留且值被函数改变。

　　（3）对于组合数据类型函数的全局变量，如果函数没有被真实创建过，则函数内部可以直接使用并修改全局变量的值。

　　（4）如果函数内部真实创建组合数据类型变量，不论是否有同名全局变量，函数仅对局部变量进行操作，函数执行操作退出后局部变量被释放，全局变量值不变。

6.3　函数的递归

6.3.1　递归的定义

　　函数定义中调用函数自身的方式称为递归。递归在数学和计算机应用上非常强大，能够简洁地解决重要的问题。

　　例如，数学上有个经典的递归问题叫阶乘，阶乘的定义如下：

$$n! = n(n-1)(n-2)\cdots$$

可以推广来看，$n! = n(n-1)!$。实际上，可以用另一种阶乘的方式表达：

$$n! = \begin{cases} 1 & n = 0 \\ n(n-1)! & \text{其他} \end{cases}$$

这个式子说明递归不是重复循环,而是每次递归去计算比本次更小的数的阶乘,直到 0!。0! 的阶乘数值是已知的,因此被称为递归的基例。当递归到最后时,需要一个能直接算出值的表达式。

由上述例子总结出递归的两个关键特征。

(1) 存在一个或者多个基例,基例不用再次递归,是已知的确定的值。

(2) 所有的递归链要以一个或者多个基例做最后的结尾向上层返回。

6.3.2   递归的使用方法

以上述阶乘计算为示例,可以把阶乘写成一个独立的函数,该函数如图 6-32 的第 1 行到第 5 行所示。这行结果如图 6-33 所示。

```python
def fact(n):
    if n == 0:
        return 1
    else:
        return n * fact(n - 1)

num = eval(input("请输入一个整数: "))
print(fact(abs(int(num))))
```

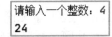

```
请输入一个整数: 4
24
```

图 6-32   阶乘计算示例   图 6-33   阶乘计算示例运行结果

说明:函数 fact( ) 在定义内部引用自身,形成递归的过程,即第 5 行。函数 fact( ) 添加 if 判定语句不能让递归进入无穷的状态,需要设计基例让递归逐层返回,即 n==0,函数 fact( ) 不再递归,返回数值 1,如果 n!=0,则通过递归返回 n 与 n-1 阶乘的乘积。

另外,代码第 7 行添加绝对值函数 abs( ) 和整数函数 int( ) 将输入的非法数据转变成有效数据,如输入负数或者小数通过减 1 无法达到递归。

6.4   Python 内置函数

Python 解释器中有 68 个内置函数,这些函数不需要引用库就可以直接使用,如表 6-1 所示。我们仅需要掌握其中的前 36 个即可。

表 6-1   Python 内置函数

abs( )	id( )	round( )	compile( )	locals( )
all( )	input( )	set( )	dir( )	map( )
any( )	int( )	sorted( )	exec( )	memoryview( )
asci( )	len( )	str( )	enumerate( )	next( )

续表

bin( )	list( )	tuple( )	filter( )	object( )
bool( )	max( )	type( )	format( )	property( )
chr( )	min( )	zip( )	frozenset( )	repr( )
complex( )	oct( )		getattr( )	setattr( )
dict( )	open( )		globals( )	slice( )
divmod( )	ord( )	bytes( )	hasattr( )	staticmethod( )
eval( )	pow( )	delattr( )	help( )	sum( )
float( )	print( )	bytearray( )	isinstance( )	super( )
hash( )	range( )	callable( )	issubclass( )	vars( )
hex( )	reversed( )	classmethod( )	iter( )	_import( )_

部分函数说明如下。

（1）all( ) 函数一般针对组合数据类型,如果其中每个元素都是 True,则返回 True,否则返回 False。注:整数 0、空字符串“ ”、空列表 [ ] 等都被当做 False。

（2）any( ) 函数与 all( ) 函数恰恰相反,只要组合数据类型中任何一个为 True,则返回 True,只有当全部元素返回 False 时才返回 False。

（3）hash( ) 函数对于能计算哈希的类型返回哈希值。

（4）id( ) 函数对每一个数据返回唯一的一个编号值,数据不同编号不同,故可通过比较变量两者的编号是否相同来判断数据是否一致。Python 将数据存储在内存中的地址作为唯一编号。

（5）reversed( ) 函数返回输入组合数据类型的逆序列形式。

（6）sorted( ) 函数对一个序列进行排序,默认为从小到大排序。

（7）type( ) 函数返回每一个数据对应的类型。

Python 内置函数示例如图 6-34 所示,运行结果如图 6-35 所示。

```
ls = [0, 8, 3, 2, 7]
print("all(ls)=", all(ls))
print("any(ls)=", any(ls))
print("id(ls)=", id(ls))
print("ls=", ls)
print("sorted(ls)=", sorted(ls))
print("reversed(ls)=", reversed(ls))
print("type(reversed(ls))=", type(reversed(ls)))
print("type(ls)=", type(ls))
print("hash(Hello)=", hash("Hello"))
```

图 6-34 Python 内置函数示例

```
all(ls)= False
any(ls)= True
id(ls)= 140684743499592
ls= [0, 8, 3, 2, 7]
sorted(ls)= [0, 2, 3, 7, 8]
reversed(ls)= <list_reverseiterator object at 0x7ff3b81da5c0>
type(reversed(ls))= <class 'list_reverseiterator'>
type(ls)= <class 'list'>
hash(Hello)= 2316111578147792747
```

图 6-35　Python 内置函数示例运行结果

6.5　模块

模块是包含变量、函数和类定义的程序。一个模块通常包含若干函数。在 Python 中,不但可以直接使用系统提供的标准模块,而且可以设计适合实际应用的用户定义模块。

6.5.1　创建模块

创建模块就是创建一个 Python 程序文件,即把变量(赋值语句)、函数定义和类定义等写入一个程序文件。

例:创建包含 3 个变量 iint＝6、ireal＝6.6、icom＝6＋6j,4 个函数 def wel(x) 欢迎函数、def happy( ) 快乐函数、def nar(i,j,k) 水仙花数函数、def rose(i,j,k,l) 的四叶玫瑰函数写入模块 imod.py。

代码示例如图 6-36 所示。

```
#imod.py
iint=6
ireal=6.6
icom=6+6j
def wel(x):
    print('welcome...,', x)
def happy():
    print('Happy You!')
def nar(i, j, k):
    if i*i*i+j*j*j+k*k*k==i*100+j*10+k:
        return i*i*i+j*j*j+k*k*k
    else:
        return -1
def rose(i, j, k, l):
    if i*i*i*i+j*j*j*j+k*k*k*k+l*l*l*l==i*1000+j*100+k*10+1:
        return i*i*i*i+j*j*j*j+k*k*k*k+l*l*l*l
    else:
        return -1
```

图 6-36　模块创建代码示例

在完成模块文件的建立之后,需要把模块文件(imod.py)放到 Python 的一个搜索路径(默认为安装路径……Python310\lib)中。

如果不知道当前的搜索路径,可以使用如图 6-37 所示方式查看。

```
>>> import sys
>>> sys.path
    ['', 'C:\\Users\\liuxi\\AppData\\Local\\Programs\\Python\\Python310\\Lib\\idleli
    b', 'C:\\Users\\liuxi\\AppData\\Local\\Programs\\Python\\Python310\\python310.zi
    p', 'C:\\Users\\liuxi\\AppData\\Local\\Programs\\Python\\Python310\\DLLs', 'C:\\
    Users\\liuxi\\AppData\\Local\\Programs\\Python\\Python310\\lib', 'C:\\Users\\liu
    xi\\AppData\\Local\\Programs\\Python\\Python310', 'C:\\Users\\liuxi\\AppData\\Lo
    cal\\Programs\\Python\\Python310\\lib\\site-packages']
```

图 6-37　模块搜索路径查看

完成以后，运行如图 6-38 所示语句，验证 imod.py 是否可以使用。

```
import imod
print(imod.iint, imod.ireal, imod.icom)
6 6.6 (6+6j)
imod.happy()
Happy You!
print(imod.happy())
Happy You!
None
imod.wel('Marry')
welcome..., Marry
print(imod.wel('Marry'))
welcome..., Marry
None
print(imod.nar(1, 5, 3))
153
print(imod.nar(1, 5, 2))
-1
print(imod.rose(8, 2, 0, 8))
8208
print(imod.rose(8, 2, 0, 9))
-1
```

图 6-38　自定义模块验证代码示例

6.5.2　使用模块

可以使用 import 把一个或多个模块导入到当前的程序中，即

```
import 模块1,模块2,……
```

导入模块后，可以使用 dir() 函数查看模块属性，imod 模块属性查看代码示例如图 6-39 所示。

```
dir(imod)
['__builtins__', '__cached__', '__doc__', '__file__', '__loader__', '__name__',
'__package__', '__spec__', 'happy', 'icom', 'iint', 'ireal', 'nar', 'rose', 'wel'
']
```

图 6-39　模块属性查看代码示例

可以发现，imod 模块中，除了包含自定义的变量和函数之外，还包含若干以下画线开始和结束的全局变量，为用户提供模块的相关信息。通过查看属性，可以帮助用户详细地了解模块中的变量、函数和类等信息，从而帮助用户更好地使用模块。

对于导入的模块，在详细了解了模块中的变量、函数和类等之后，就可以按照前述的方法和后续还会详细讲到的类使用方法来使用模块，从而完成用户自己的程序设计，进而实现相应的数据处理与分析。

例：利用 imod.py 模块，完成如下任务。

（1）输入姓名，输出对他的欢迎和快乐问候。

（2）计算并输出三个变量的和值。

（3）输出所有的水仙花数。

（4）输出所有的四叶玫瑰花数。

代码示例和输出结果如图 6-40 和图 6-41 所示。

```python
import imod
s=input('输入姓名：')
s=imod.wel(s)
print(s)
imod.happy()
v=imod.iint+imod.ireal+imod.icom
print('Sum=',v)
print('水仙花数：')
for i in range(100,1000):
    t=str(i)
    if imod.nar(int(t[0]),int(t[1]),int(t[2]))==-1:
        continue
    else:
        print(imod.nar(int(t[0]),int(t[1]),int(t[2])),end=' ')
print()
print('四叶玫瑰花数：')
for i in range(1000,10000):
    t=str(i)
    if imod.rose(int(t[0]),int(t[1]),int(t[2]),int(t[3]))==-1:
        continue
    else:
        print(imod.rose(int(t[0]),int(t[1]),int(t[2]),int(t[3])),end=' ')
print()
```

图 6-40　模块使用代码示例

```
输入姓名：Joan
welcome..., Joan
None
Happy You!
Sum= (18.6+6j)
水仙花数：
153  370  371  407
四叶玫瑰花数：
1634  8208  9474
```

图 6-41　模块使用输出结果

6.6 datetime 库的使用

Python 时间处理的标准函数库 datetime 提供了一批显示日期和时间的格式化方法。datetime 库可以从系统中获得时间，并以用户选择的格式输出。

6.6.1 datetime 库概述

datetime 库以格林尼治时间为基础，每天由 3 600×24 秒精准定义。该库包括两个常量：datetime.MINYEAR 和 datetime.MAXYEAR，分别表示 datetime 所能表示的最小、最大年份，值为 1 和 9 999。

datetime 库以类的方式提供多种日期和时间表达方式。

（1）datetime.date：日期表示类，可以表示年、月、日等。

（2）datetime.time：时间表示类，可以表示小时、分钟、秒、毫秒等。

（3）datetime. datetime：日期和时间表示类，功能覆盖 date 和 time 类。

（4）datetime.timedelta：与时间间隔有关的类。

（5）datetime.tzinfo：与时区有关的信息表示类。

由于 datetime. datetime 类表达形式最为丰富，下面主要介绍此类的使用。使用 datetime 类需要引用 import 保留字，引用方式如下：

```
from datetime import datetime
```

6.6.2　datetime 库使用

datetime. datetime 类简称 datetime 类，使用方式是首先创建一个 datetime 对象，然后通过对象的方法和属性显示时间。创建 datetime 对象有 3 种方法：datetime.now( )、datetime.utcnow( ) 和 datetime.datetime( )。

（1）使用 datetime.now( ) 获得当前日期和时间对象，使用方法如下：

```
datetime.now()
```

作用：返回一个 datetime 类型，表示当前的日期和时间，精确到微秒。

参数：无。

调用该函数，执行代码如图 6-42 所示，运行结果如图 6-43 所示。

```
from datetime import datetime

today = datetime.now()
print("Today is:", today)
```

```
Today is: 2021-08-28 20:37:31.285925
```

图 6-42　使用 datetime.now( ) 函数示例　　　　图 6-43　使用 datetime.now( ) 函数示例运行结果

（2）用 datetime.utcnow( ) 获得当前日期和时间对应的 UTC（世界标准时间）时间对象，使用方法如下：

```
datetime.utcnow()
```

作用：返回一个 datetime 类型，表示当前的日期和时间的 UTC 表示，精确到微秒。

参数：无。

调用该函数，执行代码如图 6-44 所示，运行结果如图 6-45 所示。

```
from datetime import datetime

today = datetime.utcnow()
print("Today is:", today)
```

```
Today is: 2021-08-28 12:48:48.148211
```

图 6-44　使用 datetime.utcnow( ) 函数示例　　　图 6-45　使用 datetime.utcnow( ) 函数示例运行结果

（3）datetime.now( ) 和 datetime.utcnow( ) 都返回一个 datetime 类型的对象，也可以直接使用 datetime( ) 构造一个日期和时间对象，使用方法如下：

```
datetime(year,month,day,hour=0,minute=0,second=0,microsecond=0)
```

作用：返回一个 datetime 类型，表示指定日期和时间，可以精确到微秒。
参数如下。
year：指定的年份，MINYEAR≤year≤MAXYEAR。
month：指定的月份，1≤month≤12。
day：指定的日期，1≤day≤月份所对应的日期上限。
hour：指定的小时，0≤hour<24。
minute：指定的分钟数，0≤minute<60。
second：指定的秒数，0≤second<60。
microsecond：指定的微秒数，0≤microsecond<1 000 000。
其中，hour、minute、second、microsecond 参数可以全部或部分省略。
调用 datetime( ) 函数直接创建一个 datetime 对象，表示 2222 年 2 月 22 日 22:22:22:2222，代码示例如图 6-46 所示，运行结果如图 6-47 所示。

```
from datetime import datetime

someday = datetime(2222, 2, 22, 22, 22, 22, 222222)
print("Someday is:", someday)
```

图 6-46　使用 datetime( ) 函数示例

```
Someday is: 2222-02-22 22:22:22.222222
```

图 6-47　使用 datetime( ) 函数示例运行结果

此时，程序已经有一个 datetime 对象，接下来可以利用这个对象的属性显示时间，为了区别 datetime 库名，采用上面示例中的 someday 代替生成的 datetime 对象，常用属性如表 6-2 所示。

表 6-2　datetime( ) 函数常用属性

属性	描述
someday.min	固定返回 datetime 的最小时间对象，datetime(1,1,1,0,0)
someday.max	固定返回 datetime 的最大时间对象，datetime(9999,12,31,23,59,59,999999)
someday.year	返回 someday 包含的年份
someday.month	返回 someday 包含的月份
someday.day	返回 someday 包含的日期
someday.hour	返回 someday 包含的小时
someday.minute	返回 someday 包含的分钟
someday.second	返回 someday 包含的秒钟
someday.microsecond	返回 someday 包含的微秒值

datetime 对象有 3 个常用的时间格式化方法，如表 6-3 所示。

表 6-3　datetime( ) 函数常用格式化方法

属性	描述
someday.isoformat( )	采用 ISO 8601 标准显示时间
someday.isoweekday( )	根据日期计算星期后返回 1 ～ 7，即对应星期一到星期日
someday.strftime(format)	根据格式化字符串 format 进行格式显示的方法

isoformat( ) 和 isoweekday( ) 方法的使用示例如图 6-48 所示，运行结果如图 6-49 所示。

```
from datetime import datetime

someday = datetime(2222, 2, 22, 22, 22, 22, 222222)

print("Someday is:", someday)
print("Someday.isoformat is:", someday.isoformat())
print("Someday.isoweekday is:", someday.isoweekday())
```

图 6-48　isoformat( ) 和 isoweekday( ) 方法的使用示例

```
Someday is: 2222-02-22 22:22:22.222222
Someday.isoformat is: 2222-02-22T22:22:22.222222
Someday.isoweekday is: 5
```

图 6-49　isoformat( ) 和 isoweekday( ) 方法的使用示例运行结果

strftime( ) 方法是时间格式化最有效的方法，几乎可以以任何通用格式输出时间。表 6-4 给出 strftime( ) 方法的格式化控制符。

表 6-4　strftime( ) 方法的格式化控制字符

格式化控制字符	日期 / 时间	值范围和示例
%Y	年份	0001 ～ 9999，例：2222
%m	月份	01 ～ 12，例：02
%B	月份名称	January ～ December，例：June
%b	月份名称缩写	Jan ～ Dec，例：Nov
%d	日期	01 ～ 31，例：22
%A	星期名称	Monday ～ Sunday，例：Friday
%a	星期名称缩写	Mon ～ Sun，例：Fri
%H	小时（24 h 制）	00 ～ 23，例：22
%I	小时（12 h 制）	01 ～ 12，例：10
%p	上 / 下午	AM、PM，例：PM
%M	分钟	00 ～ 59，例：24
%S	秒钟	00 ～ 59，例：22

需要注意的是,strftime( )格式化字符串的数字左侧会自动补零,上述格式可与 print( )的格式化函数一起使用。示例如图 6-50 所示,运行结果如图 6-51 所示。

```
from datetime import datetime

today = datetime.now()
print(today.strftime("%Y-%m-%d"))
print(today.strftime("%A,%d. %B %Y %I:%M%p"))
print("今天是{0:%Y}年{0:%m}月{0:%d}日".format(today))
```

图 6-50　strftime( )格式化字符串示例

```
2021-08-28
Saturday,28. August 2021 10:45PM
今天是2021年08月28日
```

图 6-51　strftime( )格式化字符串示例运行结果

datetime 库主要用于表示时间,strftime( ) 函数已经能够处理很多格式化情况,若学习者需要处理时间问题,可采用 datetime 库,简化格式输出和时间的维护。

本 章 实 验

实验 6-1　利用用户定义函数,按照要求,完成如下任务

分别利用一般函数和递归函数两种方法,设计 n 的阶乘的函数 fa(n),计算并输出 $1!+2!+\cdots+n!$。

实验 6-2　利用用户定义函数,按照要求,完成如下任务

分别利用一般函数和匿名函数两种方法,定义四叶玫瑰函数 f44,计算并输出所有四叶玫瑰数。

实验 6-3　利用用户定义函数,按照要求,完成如下任务

角谷定理。输入一个自然数 n,如果 n 为偶数,则 n 除以 2,如果 n 为奇数,则 n 乘以 3 加 1;重复上述操作,直到 $n=1$ 结束。利用递归函数,计算并输出经过多少次可以达到 $n=1$。

实验 6-4　利用用户定义函数,按照要求,完成如下任务

四则运算测试系统 atest.py。

设计 4 个函数:加函数 plus(x,y)、减函数 minu(x,y)、乘函数 prod(x,y) 和除函数 divi(x,y),实现两个数据加、减、乘和除法运算的测试。要求如下。

(1) 从键盘输入任意两个数据 x 和 y,实现四则运算的测试。

(2) 如果回答正确,输出"回答正确,你好聪明!";如果回答错误,输出"回答错误,继续加油!"。

(3) 可以选择(y)继续测试,或者(n)退出测试。

实验 6-5　局部变量与全局变量实验

运行如下语句,给出运行结果。

```python
def fu(v):
    v += 9
    print(u, v)



u = 6
fu(u)
```

```python
def fu():
    global u
    u += 9
    print(u)



u = 6
fu()
```

```python
def fu():
    v = u + 3
    print(v)



u = 6
fu()
```

```python
def fu1():
    n = 0

    def fu11():
        nonlocal n
        n += 1
        return n
    return fu11

def fu2():
    m = fu1()
    print(m())
    print(m())
    print(m())
fu2()
```

```python
def ft():
    def flocal():
        u = 'local u'

    def fnonlocal():
        nonlocal u
        u = 'nonlocal u'

    def fglobal():
        global u
        u = 'global u'
    u = 'test u'
    flocal()
    print('After local: ', u)
    fnonlocal()
    print("After nonlocal: ", u)
    fglobal()
    print('After global: ', u)
ft()
print('global var: ', u)
```

```python
def fu():
    global u
    u = 6

    def fglobal():
        global u
        u += 10
        print(u)


    fglobal()
    print(u)



fu()
print(u)
```

```python
def fu():
    u = 9

    def fglobal():
        global u
        u = 10
        print(u)


    fglobal()
    print(u)



fu()
print('u=%s' % u)
```

```python
def fu():
    u = 9

    def fglobal():
        nonlocal u
        u = 6
        print(u)


    fglobal()
    print(u)



fu()
```

```python
def fu():
    u = 6

    def fglobal():
        global u
        u = 9
        print(u)

    fglobal()
    u += 5
    print(u)


fu()
u += 50
print('u=%d' % u)
```

实验 6-6　模块实验

按照要求,完成如下任务。

（1）按照属性名称 company 和 name,利用公司名称"数据可视分析有限公司"和设计人员姓名":HappyYou"以及四则运算测试系统中的 4 个函数,创建 atest.py 模块。

(2) 改写 4 个函数,为每个函数的形参设置合理的默认值。

(3) 利用模块 atest.py,改写四则运算测试系统 atest.py 为 altest.py,退出系统时,添加并显示公司、设计人员信息和当前日期时间。

本 章 习 题

1. 解释函数和函数体,简述函数的三要素。

2. 解释形参和实参。简述参数传递的三要素。

3. 解释匿名函数。举例说明。

4. 解释参数传递。简述参数传递的可变性和类型。

5. 解释局部变量和全程变量。简述 global 功能。

6. 解释递归函数。

7. 解释模块。简述模块包含的主要内容和模块的导入方法。

本 章 慕 课

微视频 6-1 本题重点:综合性问题,当函数被定义时,要有相应的返回值,掌握如何调用函数。使用 for 循环语句遍历短语中的每个字符,进行大小写判断,最后使用内置字符串处理函数实现大小写转化。

题目:缩写词是由一个英文短语中每个单词的第一个字母组成,均为大写。例如,CPU 是短语 "central processing unit" 的缩写。

函数接口定义:

```
acronym(phrase);
phrase 是短语参数,返回短语的缩写词
```

测试程序样例:

```
/* 请在这里填写答案 */

phrase=input()
print(acronym(phrase))
```

微视频 6-1 缩写词

微视频 6-2　本题重点：斐波那契数列是典型的递归函数，函数每次执行程序自身，递归函数一定要有已知的基例，然后层层返回上一次的结果，常常使用递归函数计算阶乘结果，递归函数简洁又强大。

题目：设计递归函数，计算并输出前 n 项斐波那契数列。

$$f(n)=\begin{cases}0, & n=0 \\ 1, & n=1 \\ f(n-1)+f(n-2), & n\geq 2\end{cases}$$

微视频 6-2　斐波那契数列

微视频 6-3　本题重点：参数的传递过程。当调用函数时，传入的参数为实参，定义函数时，使用的函数为形参。

题目：定义 addNumbers1( ) 函数，指定两个参数 x 和 y，实现两个数值求和。

微视频 6-3　参数传递实例

微视频 6-4　本题重点：在函数体内的变量称为局部变量，在函数内部有效，当退出该函数时，局部变量自动取消，释放内存空间。全局变量定义在函数外部，在整个程序中均有效。

题目：设计 4 个函数，即加函数 plus(x,y)、减函数 minu(x,y)、乘函数 prod(x,y)、除函数 divi(x,y)，实现两个整数加、减、乘和除法运算的测试。

微视频 6-4　局部变量和全程变量实例

微视频 6-5　本题重点：在 Python 中创建模块就等同于创建一个 .py 程序，即把需要的变量、函数定义、类定义等写入一个程序文件中。

题目：创建模块 imod.py，模块所包含的内容如下。

（1）三个变量：iint = 6、ireal = 6.6、icom = 6 + 6j。

（2）两个函数：def wel(x)（欢迎函数）和 def happy( )（快乐函数）。

利用模块 imod.py 完成如下功能。

(1) 计算并输出三个变量的和值。

(2) 输入姓名,输出对他的欢迎和快乐问候。

微视频 6-5　模块使用实例

微视频 6-6　本题重点:在 Python 中可以由 def 定义普通函数,也可以用关键字 lambda 定义匿名函数,表达式唯一,且自带 return 返回值。

题目:求出所有的水仙花数(创建匿名函数 ff 来求该数的各个位三次方之和)。

注:水仙花数是指一个三位正整数 x,它的每个位上的数字的 3 次幂之和等于它本身。

例如:$153 = 1^3 + 5^3 + 3^3$。

微视频 6-6　匿名函数实例

程序源代码:第 6 章

第7章 对象与方法

本章的学习目标：
(1) 了解 OOP 特性，熟悉 OOP 的操作过程。
(2) 了解什么是类和对象，掌握类和对象在实例中如何使用。
(3) 了解什么是事件和方法。

程序设计分为两种：面向过程程序设计和面向对象程序设计。

面向过程程序设计：用户为了实现具体的编程任务，使用程序语言的语句直接设计每一个（求解）过程的程序设计方法。前述方法均为面向过程程序设计方法。

面向对象程序设计（object oriented programming，OOP）：利用程序语言的类（系统提供或用户定义），创建相应的对象，实现相应的程序设计。

面向对象程序设计与面向过程程序设计的区别：设计人员在进行面向对象程序设计时，不再是单纯地从代码的第一行直到最后一行进行烦琐的逐句编程，而是考虑如何利用类创建对象，再利用对象来简化程序设计，提供代码的可重用性，而不需要考虑类和对象本身的具体程序设计问题。

电子教案：第7章
对象与方法

7.1 OOP 特性

OOP 具有类和对象的封装性、继承性和多态性等特性，从而使 OOP 具有易理解、可重用、可扩展、高隐藏性、高安全性和易管理维护等优点。

首先来看一个利用 tkinter 库创建窗口的例子。

例：创建一个窗口 win，窗口内含一个按钮 bt 和一个标签 lb；定义按钮的单击事件 click，单击按钮之后，在标签中显示"Happy You!"，同时弹出一个信息窗口，信息窗口的内容为"Welcome…"。

示例代码如图 7-1 所示，运行结果如图 7-2 所示。

在上述示例的设计过程和运行结果中，仅利用 14 行语句就完成了满足要求的程序设计。这就是使用 OOP 的好处。而如果使用面向过程的程序设计方法，则可能需要几百行语句。

OOP 的过程：利用类创建对象，确定对象的属性，设置发生的事件，设计处理方法等，即类→对象→属性→事件→方法。

1. 封装性

封装：把对象的属性、事件和方法封装起来组合在一起构成类。封装意味着类和对象应具有明确的功能，并且提供与其他类和对象的接口。

封装性：让用户忽略类和对象复杂的内部细节，使用户集中精力使用类和对象的属性、事件和方法。封装后的类和对象的代码将处于隐藏和保护状态，从而使得程序更加安全和稳定。

如上述示例中使用了模块 tkinter 中封装的三个类,即窗口类 Tk( )、按钮类 Button( ) 和标签类 Label( ) 等。

```python
import tkinter
import tkinter.messagebox


win = tkinter.Tk()
win.title('欢迎')
win.geometry('300x200+260+160')
def click():
    lb.config(text='Happy You!')
    tkinter.messagebox.showinfo(title='信息', message='Welcome...')


bt = tkinter.Button(win, text='单击', width=20, command=click)
bt.place(x=80, y=60)
lb = tkinter.Label(win, text='单击按钮试试...')
lb.place(x=110, y=110)
win.mainloop()
```

图 7-1　利用 tkinter 库创建窗口示例

图 7-2　利用 tkinter 库创建窗口示例运行结果

上述示例中可以看出封装使对象可以像一个可拆卸的部件,在程序之间调用,从而减少程序的复杂性。

同一个类的所有对象使用相同的数据结构、属性、事件和方法,但每个对象都拥有各自的数据。定义一个类就相当于在程序中加入了一个新的数据类型,并且要求编译程序将它视为程序语言的内部数据类型。

2. 继承性

继承性:在系统提供的基本类(即基类)的基础上,建立用户自己的派生类(子类),子类将继承基类的所有属性、事件和方法,同时又可以继续建立自己新的派生类属性、事件和方法。

利用继承性可以避免相同内容的重复出现,且能够节省大量的时间和存储空间。通过继承可以从一个类派生出另一个新的派生类,而派生类,又可以派生出它的派生类,如此下去可以建立一个复杂的类的层状结构,给复杂程序设计带来了方便。

继承性有三个主要优点。

(1) 允许建立类的层状结构(树状结构)。

(2) 派生类可以继承基类的属性、事件和方法。

（3）派生类可以添加自己的属性、事件和方法，且一旦建立将永久有效（持久性）。

3. 多态性

多态性：不同类和对象中的属性、事件和方法，可以提供相同的名字，且同名的属性、事件和方法所指的内容可以不同。

在调用同名的属性、事件和方法时，既可以使对象具有不同的性质和功能，也可以使对象具有相同的性质和功能，即不同的类和对象，可以使用同名的属性、事件和方法。

多态是创建类时一种极为有效的手段。多态可以使用户对具有相同功能的属性、事件和方法，采用统一标准进行命名。

例如，在上述示例中，按钮类 Button( ) 和标签类 Label 均定义了 width 和 height 属性，分别代表按钮的宽和高、标签的宽和高。注：两者的长度单位在不同环境下可能会不一样。

7.2 类与对象

7.2.1 类与对象的创建

1. 类

类：用来描述具有相同的属性和方法的对象的集合。它定义了该集合中每个对象所共有的属性和方法，即对象的数据、对象的操作事件以及事件的处理方法等。对象是类的实例，类是对象的抽象描述。例如，按钮（Button）类的抽象信息。

按钮的数据：定义为宽、高和名称。数据默认值定义为，宽为 30 个像素，高为 10 个像素，名称为"按钮"。

按钮的操作事件：对按钮进行的操作。如单击。

事件的处理方法：单击按钮之后，需要进行的具体处理方法。如单击按钮之后，显示信息"欢迎使用 Python！"。每一种处理方法对应一个函数。

根据上述描述，用户可以定义一个拥有具体数据（宽、高和名称）、默认数据（30、15、按钮）、确定操作事件（单击）以及相应操作方法的按钮类。

使用按钮类，创建进行操作控制的按钮（对象），且只需要给出宽、高和名称三个数据，然后编写相应的处理程序即可。

2. 对象

对象：客观存在的事物（拥有具体内容的类）。即对象是拥有具体数据和确定操作及其方法的类的实例。对象是具体的类，是类的实例。

例如，创建能够进行加法运算的按钮（Button）对象。只需要给出宽、高和名称的数据：50、20、"加法运算"，然后编写一个进行加法运算的方法（函数）add( )。

3. 属性

属性：描述对象的数据。不同的对象可以定义不同的属性。

例如，按钮类的宽、高和名称是按钮对象的属性，不同的属性可以定义不同的按钮。例如，分别利用数据：40、20、"确定"和 40、20、"取消"，可以定义两个按钮，即"确定"按钮和"取消"按钮。

4. 类的创建

创建类可以使用 class 语句。语法格式如下：

```
class 类名：
    属性 1= 值 1
    ...
    属性 n= 值 n
    方法 1
    ...
    方法 m
```

属性：相对应的变量。

方法：相对应的函数。

5. 对象的创建

创建对象可以使用类名来实现。语法格式如下：

```
对象 = 类名（[ 参数 [,…,参数 ] ]）
```

利用函数 dir( ) 可查看类和对象的属性和方法。示例如图 7-3 所示，运行结果如图 7-4 所示。

```
class testc:
    x = 10
    y = 20

    def fu1(self):
        return self.x + self.y

    def add(u, v):
        return u + v

    def fu2(self, w):
        return self.x + w

print(dir(testc))
```

图 7-3   利用函数 dir( ) 查看类和对象的属性和方法示例

```
['__class__', '__delattr__', '__dict__', '__dir__',
 '__doc__', '__eq__', '__format__', '__ge__',
 '__getattribute__', '__gt__', '__hash__', '__init__',
  '__init_subclass__', '__le__', '__lt__',
 '__module__', '__ne__', '__new__', '__reduce__',
 '__reduce_ex__', '__repr__', '__setattr__',
 '__sizeof__', '__str__', '__subclasshook__',
 '__weakref__', 'add', 'fu1', 'fu2', 'x', 'y']
```

图 7-4   利用函数 dir( ) 查看类和对象的属性和方法示例运行结果

需要注意以下两点。

（1）设计类方法时，通常 self 作为第一个参数。

（2）以双下画线开头的属性和方法，只能在类（对象）的内部使用，属于局部属性和局部方法，不能在类（对象）外使用。

self 参数的使用示例如图 7-5 所示，运行结果如图 7-6 所示。

例：创建一个正方形类 squa，属性边长为 length，默认值为 10，方法为周长 squazc( )；然后创建正方形对象 sq；最后利用 sq 输出正方形的边长和周长。

```python
class squa:
    length = 10

    def squazc(self):
        return 4 * self.length

sq = squa()
print('正方形的边长：', sq.length)
print('正方形的周长：', sq.squazc())
```

| 正方形的边长： | 10 |
| 正方形的周长： | 40 |

图 7-5   self 参数的使用示例   图 7-6   self 参数的使用示例运行结果

6. 在基类的基础上，创建子类的方法

在基类的基础上创建子类的语法格式如下：

```
class 子类（基类）：
    属性 1 = 值 1
    ...
    属性 n = 值 n
    方法 1
    ...
    方法 m
```

子类的属性和方法：在子类中，可以使用基类的属性和方法（即类的继承性）。

创建子类继承基类的示例如图 7-7 所示，运行结果如图 7-8 所示。

```python
class squa:
    length = 10

    def squazc(self):
        return 4 * self.length

class rect(squa):
    width = 20

    def rectzc(self):
        return 2 * (self.length + self.width)

re1 = rect()
print('长方形的长和宽：', re1.length, re1.width)
print('长方形的周长：', re1.rectzc())
```

| 长方形的长和宽： | 10 20 |
| 长方形的周长： | 60 |

图 7-7   创建子类继承基类示例   图 7-8   创建子类继承基类示例运行结果

　　例：在正方形类 squa 的基础上，创建长方形类 rect（子类），基类的边长作为长方形的长边；在子类中添加新属性 width（默认值：20）作为宽边；在子类中添加的新方法为长方形周长 rectzc( )；然后创建长方形对象 re；最后利用 re 输出长方形的边长和周长。

　　注意：长方形类 rect 继承了正方形类 squa 的属性 length。self 是类的默认对象。在创建方法时，如果使用了对象本身的属性和方法，则需要传递 self。

7.2.2　类与对象的使用

　　类的使用：使用类创建对象。例如，上述两个示例中，分别使用正方形类和长方形类，依次创建了正方形对象 sq 和长方形对象 re。可以利用对象访问对象的属性和方法，即对象 . 属性，对象 . 方法。

　　注意：引用对象的属性和方法，需要使用原点“.”，表明对象与属性、对象与方法之间的隶属关系。

　　在使用对象时，不但可以直接使用对象的属性和方法的默认值，而且还可以给属性赋予新的数据。

　　例：上述两个示例中正方形类 squa 和长方形类 rect，输出默认边长和周长以及修改属性值之后的边长和周长。代码示例如图 7-9 所示，运行结果如图 7-10 所示。

```
class squa:
    length=10
    def squazc(self):
        return 4*self.length
class rect(squa):
    width=20
    def rectzc(self):
        return 2*(self.length+self.width)
sq1=squa()
print('正方形默认值：')
print('正方形的边长：',sq1.length)
print('正方形的周长：',sq1.squazc())
sq1.length=60
print('正方形修改后：')
print('正方形的边长：',sq1.length)
print('正方形的周长：',sq1.squazc())
re1=rect()
print('长方形默认值：')
print('长方形的长和宽：',re1.length,re1.width)
print('长方形的周长：',re1.rectzc())
re1.length=30
re1.width=90
print('长方形修改后：')
print('长方形的长和宽：',re1.length,re1.width)
print('长方形的周长：',re1.rectzc())
```

```
正方形默认值：
正方形的边长：　10
正方形的周长：　40
正方形修改后：
正方形的边长：　60
正方形的周长：　240
长方形默认值：
长方形的长和宽：　10 20
长方形的周长：　60
长方形修改后：
长方形的长和宽：　30 90
长方形的周长：　240
```

图 7-9　为属性赋予新数据的示例　　　　　　图 7-10　为属性赋予新数据的示例运行结果

7.3　事件与方法

在类及其对象中,属性是其基本组成部分,而方法(函数)才是其主要的组成部分,而且前述所有程序设计方法,均适用于方法的设计;同时,每一个方法,均对应于应用中相应的事件。

7.3.1　事件和方法的定义与使用

事件:预选设定的允许对对象进行的一系列具体操作。如单击鼠标、移动等。

方法:当事件发生(被激活)后,所采取的具体步骤。如单击按钮之后,关闭按钮所在的窗口;或者单击按钮之后,调用一个指定的方法。

事件的处理方法一般是由一系列函数组成。即每个事件对应相应的方法,每个方法对应相应的函数,从而进行相应的处理。

例:利用正方形类 squa 和长方形类 rect。利用 tkinter 模块显示长方形的周长和面积。代码示例如图 7-11 所示,运行结果如图 7-12 所示。

(1) 标签初始内容为"单击显示正方形周长和面积!"。

(2) 修改按钮的标题为"显示"。

(3) 单击按钮后,标签的内容显示为"周长:值";同时按钮的标题改为"结果"。

(4) 单击按钮后,首先信息窗口的标题为"长度";内容显示为"长度:值"。再次弹出窗口,信息窗口的标题为"面积";内容显示为"面积:值"。

```python
import tkinter
import tkinter.messagebox

win = tkinter.Tk()
win.title('周长和面积')
win.geometry('300x200+260+60')

def click():
    bt.config(text='结果')
    lb.config(text='周长: ' + str(sq.squazc()))
    info1 = '长度: ' + str(sq.length)
    info = '面积: ' + str(sq.squamj())
    tkinter.messagebox.showinfo(title='长度', message=info1)
    tkinter.messagebox.showinfo(title='面积', message=info)

bt = tkinter.Button(win, text='显示', width=20, command=click)
bt.place(x=80, y=60)
lb = tkinter.Label(win, text='单击显示正方形周长和面积! ')
lb.place(x=75, y=110)
win.mainloop()
```

图 7-11　事件和方法的定义与使用示例

说明:运行程序首先显示第一个弹窗提示单击"显示"按钮,会弹出正方形周长和面积,单击按钮后,出现第二个弹窗,显示正方形长度,继续单击"确定"按钮,会出现第三个弹窗,显示正方形面积,再次单击"确定"按钮,返回第一个弹窗显示正方形周长,最后单击右上角叉号,程序运行结束。

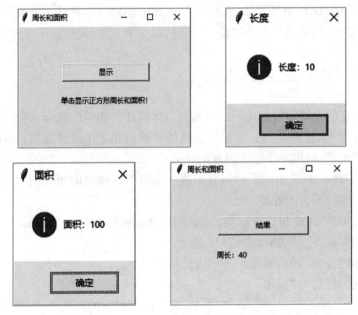

图7-12　事件和方法的定义与使用示例运行结果

7.3.2　构造方法和析构方法

在类(对象)的内部,__init__(self)、__del__(self)、__repr__(self)和 __str__(self)等会影响类的使用。

1. 构造方法和析构方法

构造方法:__init__(self)。在创建对象时自动执行,可以用于对象的初始化。如果用户没有定义,系统会自动创建,并自动执行。

析构方法:__del__(self)。在删除对象时自动执行,可以用于删除对象后的清理工作。如果用户没有定义,系统会自动创建。

分析如下程序的运行结果,理解构造函数和析构函数的用法。代码示例如图7-13所示,运行结果如图7-14所示。

```
class testc:
    def __init__(self):
        print('类testc加载成功!')
    def __del__(self):
        print('类testc删除成功!')
    def fu(self):
        print('方法fu调用成功!')
tc=testc()
tc.fu()
del tc
```

```
类testc加载成功!
方法fu调用成功!
类testc删除成功!
```

图7-13　类的构造函数和析构函数的用法　　　　图7-14　类的构造函数和析构函数的用法输出结果

2. 重定义字符串格式

如果用户定义了构造方法,则会影响数据的输出格式,这时需要使用 __repr__(self) 和 __str__(self) 重定义字符串的输出格式。

分析如下程序的运行结果,理解重定义字符串格式的用法。代码示例如图 7-15 所示。

```
>>> class testc(object):
    def __init__(self, value='Happy You! '):
        self.data=value
>>> t=testc()
>>> t
<__main__.testc object at 0x00000258A86F7EF0>
>>> print(t)
<__main__.testc object at 0x00000258A86F7EF0>
>>> class testrepr(testc):
    def __repr__(self):
        return 'New Format(%s)' % self.data
>>> tr=testrepr()
>>> tr
New Format(Happy You! )
>>> print(tr)
New Format(Happy You! )
>>> class teststr(testc):
    def __str__(self):
        return 'New String: %s' % self.data
>>> ts=teststr()
>>> ts
<__main__.teststr object at 0x00000258A87099E8>
>>> print(ts)
New String: Happy You!
```

图 7-15　重定义字符串格式的用法示例

分析:

(1) 定义构造函数之后,显示的是对象的内存地址。

(2) 重构 __repr__ 方法之后,直接输出对象和 print 输出对象,均使用 __repr__ 中定义的格式。

(3) 重构 __str__ 方法之后,直接输出对象时,并没有使用 __str__ 中定义的格式,而使用 print 输出的信息却使用了 __str__ 中定义的格式。

不难看出,__repr__ 和 __str__ 均用于显示,其中,__str__ 面向用户,__repr__ 面向程序员。

本 章 实 验

实验 7　利用 OOP,按照要求,完成如下任务

1. 改写例子。在正方形类 squa 和长方形类 rect 的基础上,创建长方体类 cubo,添加属性高 height(默认值:30),表面积 cubomj 和体积 cubotj 两个方法,然后输出立方体的默认长、宽、高、表面积和体积以及修改属性值之后的长、宽、高、表面积和体积。

2. 创建圆基类 circ,属性半径(默认值:10),方法周长 circzc 和方法面积 circmj;子类 ball(circ),无新属性,方法表面积 ballmj 和方法体积 balltj。

(1) 输出圆的默认半径、周长和面积以及修改属性值之后的半径、周长和面积。

（2）输出球的默认半径、面积和体积以及修改属性值之后的半径、面积和体积。

本 章 习 题

1. 解释面向过程程序设计和面向对象程序设计。简述 OOP 的特点。
2. 解释类、属性、对象、事件和方法。
3. 简述类和对象的创建和使用方法。
4. 解释构造方法和析构方法。
5. 简述 __repr__(self) 和 __str__(self) 的功能。

本 章 慕 课

微视频 7-1   本题重点：区分类与对象的区别。类是一组性质相同的对象的统一抽象的描述，一般使用关键词 class 创建类。对象是客观存在，拥有具体内容的类。self 为类的默认对象，代表对象本身，创建方法时，若要使用对象的属性与方法，需要传递 self 进行创建。

题目：创建一个正方形类 squa，属性边长为 length，默认值为 10，方法为周长 squazc( )，然后创建正方形对象 sq；最后利用 sq 输出正方形的边长和周长。

微视频 7-1   类实例 1

微视频 7-2   本题重点：子类具有继承性，在子类中加入基类的名字，可以继承父类的属性与方法。

题目：在正方形类 squa 的基础上，创建长方形类 rect（子类），基类的边长作为长方形的长边。在子类中添加新属性 width（默认值为 20）作为宽边，在子类中添加新的方法为长方形周长 rectzc( )，创建长方形对象 re，最后利用 re 输出长方形的边长和周长。

微视频 7-2   类实例 2

微视频 7-3   本题重点：修改的是对象的属性值，并不是类的属性值，因此子类继承的属性值并不会因为修改而改变。

题目：在视频 7-1 和视频 7-2 的基础上进行修改。利用正方形类 squa 和长方形类 rect，输出默认边长和周长以及修改属性值之后的边长和周长。

微视频 7-3　类实例 3

微视频 7-4　本题重点：若要创建新的方法，在现有的类中直接创建即可。

　　题目：利用正方形类 squa 和长方形类 rect，在 squa 和 rect 中，添加正方形的面积和长方形的面积两个方法，输出默认边长、周长和面积。

微视频 7-4　类实例 4

程序源代码：第 7 章

第8章 文件与数据库

本章的学习目标:
(1) 了解文件的概念及文件的分类。
(2) 掌握文件的基本操作,如打开、关闭文件,读取文件等。
(3) 了解数据库的概念。
(4) 了解几种常用的数据库管理系统。
(5) 掌握 Python 中的数据库管理及其应用技术。

8.1 文件的使用

电子教案:第 8 章
文件与数据库

8.1.1 文件概述

程序运行需要的数据,不但可以来自键盘,也可以来自文件;程序运行的结果,不但可以输出到屏幕,同样可以写入文件。

文件是一个存储在辅助存储器上的数据序列,可以包含任何数据内容。可以理解为文件是数据的集合和抽象。文件包括两种类型:文本文件和二进制文件。

文本文件一般由单一特定编码的字符组成,例如 UTF-8 编码,内容可以统一展示与阅读。一般文本文件均可以由文本编辑器进行创建、修改和阅读。因为文本文件存在编码,因此,可以理解为存储在磁盘上的字符串,例如,txt 格式的文本文件。

二进制文件由 0 和 1 两种字符组成,且没有统一的字符编码,文件内部数据组织格式与文件用途有关。可以将二进制文件理解为信息按照非特定编码但特定格式组成的文件,例如,png 格式的图片文件、avi 格式的视频文件。

文本文件和二进制文件最主要的区别在于是否有统一的字符编码格式。二进制文件由于没有统一的编码,只能当做字节流,不能看做字符串。

同一个文件可以既是文本文件,又是二进制文件。这两种文件都可以用 open( ) 函数打开,但参数和打开后的操作都不相同。

文件打开方式示例如图 8-1 所示,运行结果如图 8-2 所示。

```
txtFile = open("9.1.1.txt", "rt")    # t表示以文本文件方式打开
print(txtFile.readline())
txtFile.close()

binFile = open("9.1.1.txt", "rb")    # b表示以二进制文件方式打开
print(binFile.readline())
binFile.close()
```

图 8-1　文件打开方式示例

```
今年是2021年。

b'\xe4\xbb\x8a\xe5\xb9\xb4\xe6\x98\xaf2021\xe5\xb9\xb4
 \xe3\x80\x82\r\n'
```

图 8-2   文件打开方式示例运行结果

说明：由上述示例的输出结果可以看出，使用文本文件方式打开文件，文件经过编码打印出有含义的字符串；使用二进制文件方式打开文件，文件被解析为字节流，字符串中一个字符由两个字节表示。

8.1.2   文件的打开与关闭

Python 对文件的统一操作步骤为"打开—操作—关闭"。

在操作系统中，文件默认在关闭状态，如果需要对文件进行操作，首先需使用命令将其打开，使得程序获得操作这个文件的权限。如果要打开的文件不存在，也可以创建一个新的文件。当文件打开后，该文件将处于被占用状态，只有当前进程可以操作该文件。当操作结束后，需将文件关闭，关闭文件的同时，也解除了该进程对文件的控制权，此时文件恢复关闭状态，另一个进程可以继续操作该文件。

Python 通过内置函数 open( ) 进行打开文件操作，并实现文件与一个程序变量的关联，open( ) 函数格式如下：

< 变量名 >=open(< 文件名 >,< 打开模式 >)

函数 open( ) 包含两个参数：文件名和打开模式。文件名可以是文件实际名称，也可以是完整的绝对路径。打开模式指的是选择使用哪种方式打开文件，open( ) 函数提供 7 种基本打开模式，如表 8-1 所示。

表 8-1   open( ) 函数打开模式

文件打开模式	含义
'r'	文件处于只读模式，如果文件不存在，返回 FileNotFoundError 异常
'w'	覆盖写模式，若文件不存在，则直接创建，若存在，则完全覆盖
'x'	创建写模式，若文件不存在，则直接创建，若文件存在，则返回 FileExistsError 异常
'a'	追加写模式，若文件不存在，则直接创建，若文件存在，则在原有文件后面添加新内容
'b'	二进制文件模式
't'	文本文件模式
'+'	与 r、w、x、a 一同使用，在原功能基础上增加同时读写功能

上述打开模式表示方法使用单引号（' '）或双引号（" "）均可。'r'、'w'、'x'、'a'可与'b'、't'、'+'组合使用，从而既表达读写又表达文件模式。例如，'rt'表示以只读方式打开一个文本文件，'rb'表示以只读方式打开一个二进制文件。

文件使用结束后要使用函数 close( ) 关闭，释放文件占用权，该方法格式如下：

```
< 文件名 >.close( )
```

8.1.3 文件的读写

1. 文件的读取

文件打开后,根据不同的打开方式可以对文件进行相应的读写操作。注:当文件以文本文件方式打开时,读写模式按照字符串方式;当文件以二进制文件方式打开时,读写模式按照字节流方式。Python 提供了 4 种文件内容读取方式,如表 8-2 所示。

表 8-2 文件内容读取方式

操作方式	含义
<fille>.read(size=-1)	从文件中读入完整的文件内容,如果 size 有参数,读入前 size 长度的字符串或字符流
<file>.readall( )	从文件中读入完整的文件内容,返回一个字符串或一个字符流
<file>.readline(size=-1)	从文件中读入一行内容,如果 size 有参数,读入该行前 size 长度的字符串或字符流
<file>.readlines(hint=-1)	从文件中读入所有行内容,每行内容形成一个列表;如果 hint 有参数,读入 hint 行内容

文件的读入示例如图 8-3 所示,运行结果如图 8-4 所示。

```
filename = input("请输入需要打开的文件: ")
f1 = open(filename, "rt")
for line in f1.readlines():
    print(line)
    f1.close()
f2 = open(filename, "rb")
for line in f2.readlines():
    print(line)
    f2.close()
```

图 8-3 文件的读入示例

```
请输入需要打开的文件: 9.1.1.txt
9.1.1.txt
今年是2021年。

我爱我的祖国,希望祖国更加繁荣昌盛。
b'\xe4\xbb\x8a\xe5\xb9\xb4\xe6\x98\xaf2021\xe5\xb9\xb4
  \xe3\x80\x82\r\n'
b'\xe6\x88\x91\xe7\x88\xb1\xe6\x88\x91\xe7\x9a\x84\xe7
  \xa5\x96\xe5\x9b\xbd\xef\xbc\x8c\xe5\xb8\x8c\xe6\x9c
  \x9b\xe7\xa5\x96\xe5\x9b\xbd\xe6\x9b\xb4\xe5\x8a\xa0
  \xe7\xb9\x81\xe8\x8d\xa3\xe6\x98\x8c\xe7\x9b\x9b\xe3
  \x80\x82'
```

图 8-4 文件的读入示例运行结果

说明：程序提示输入需要读取的文件名，然后将文件赋值给文件对象变量 f1，文件内容通过 < 文件名 >.readlines( ) 方法读入到一个列表中，每行内容是列表的一个元素，通过 for-in 语句对该列表进行遍历，读取每行内容，最后用 f1.close( ) 释放对文件的操作。

若读入文件非常大，使用上述方法读取文件到列表会占用很多内存，影响运行速度。可逐行读入内容到内存，并逐行处理。此时 Python 会将文件视为一个行序列，然后遍历该文件内的所有行。逐行读入文件示例如图 8-5 所示，运行结果如图 8-6 所示。

```
filename = input("请输入需要打开的文件：")
f = open(filename, "rt")
for line in f:
    print(line)
f.close()
```

图 8-5　逐行读入文件示例

```
请输入需要打开的文件：9.1.1.txt
9.1.1.txt
今年是2021年。

我爱我的祖国，希望祖国更加繁荣昌盛。
```

图 8-6　逐行读入文件示例运行结果

2. 文件的写入

Python 提供 3 种文件写入的方法，如表 8-3 所示。

表 8-3　Python 文件内容写入方法

操作方式	含义
<file>.write(s)	向文件写入一个字符串或者字节流
<file>.writelines(lines)	将一个元素全为字符串的列表写入文件
<file>.seek(offset)	改变当前文件指针的位置，参数 offset 为 0，表示文件开始；1 表示当前位置；2 表示文件结束

向文件写入一个列表，示例如图 8-7 所示，运行结果如图 8-8 所示。

```
filename = input("请输入需要打开的文件：")
f = open(filename, "w+")
list = ["列表", "元组", "字典"]
f.writelines(list)
for line in f:
    print(line)
f.close()
```

图 8-7　向文件写入一个列表示例

```
请输入需要打开的文件：9.1.3.txt
9.1.3.txt
```

图 8-8　向文件写入一个列表示例运行结果

根据输出结果发现，屏幕上并没有打印出这个列表，可是在本地打开 9.1.3.txt 文件，可以看见这个列表的内容。这是因为当文件写入内容后，文件的操作指针在写入的内容后面。想要将结果输出列表，可以在写入文件后面增加一行代码"f.seek(0)"，令文件操作指针返回到文件开始位置，即可打印列表内容。实现代码如图 8-9 所示，运行结果如图 8-10 所示。

```
filename = input("请输入需要打开的文件：")
f = open(filename, "w+")
list = ["列表", "元组", "字典"]
f.writelines(list)
f.seek(0)
for line in f:
    print(line)
f.close()
```

图 8-9   seek( ) 函数的使用示例

```
请输入需要打开的文件：9.1.3.txt
9.1.3.txt
列表元组字典
```

图 8-10   seek( ) 函数的使用示例运行结果

8.1.4   文件的管理

Python 提供内置 os 模块，提供了非常丰富的文件处理方法，从而实现对文件的创建、改变、删除等一系列操作。常用方法如表 8-4 所示。

表 8-4   Python 内置 os 模块处理文件方式

操作方式	含义
os.access(path, mode)	检验权限模式
os.chdir(path)	改变当前工作目录
os.chflags(path, flags)	设置路径的标记为数字标记
os.chmod(path, mode)	更改权限
os.dup(fd)	复制文件描述符 fd
os.dup2(fd, fd2)	将一个文件描述符 fd 复制到另一个文件描述符 fd2
os.fchdir(fd)	通过文件描述符改变当前工作目录
os.getcwd( )	返回当前工作目录
os.lchmod(path, mode)	修改连接文件权限
os.listdir(path)	返回 path 指定的文件夹包含的文件或文件夹的名字的列表
os.pathconf(path, name)	返回相关文件的系统配置信息
os.removedirs(path)	递归删除目录
os.rename(src, dst)	重命名文件或目录，从 src 到 dst
os.rmdir(path)	删除 path 指定的空目录，如果目录非空，则抛出一个 OSError 异常
os.mkdir(path[, mode])	以数字 mode 的模式创建一个名为 path 的文件夹，默认的 mode 是 0777（八进制）

8.2 数据库概述

数据库技术的研究对象是数据,研究内容是通过对数据的统一组织和管理,按照指定的数据结构建立相应的数据库;数据库管理系统是实现对数据库中数据的添加、修改、删除、查询和报表等多种功能的应用系统;数据库系统则可以实现对数据的处理和分析。

8.2.1 数据库的基本概念

数据(data):是指对客观事件进行记录并可以鉴别的符号,是对客观事物的性质、状态以及相互关系等进行记载的物理符号或这些物理符号的组合。它是可识别的、抽象的符号。它不仅指狭义上的数字,还可以是具有一定意义的文字、字母、数字符号的组合、图形、图像、视频、音频等,也是客观事物的属性、数量、位置及其相互关系的抽象表示。数据经过加工后就成为信息。例如,图书定价:39.6;书名:图像技术;生日:1966 年 6 月 6 日;照片:Hu.jpg;时间:16时 16 分 16 秒;等等。

数据库(database,DB):长期存储在计算机内,有组织、可共享的大量数据的集合(存放数据的电子仓库)。特点:结构化存储、冗余度低、独立性高、可共享和易扩展等。例如,图书馆数据库、学校教务系统数据库、公安局数据库等。

数据库管理系统(database management system,DBMS):提供给用户,并帮助用户建立、使用和管理数据库的软件系统。功能:数据定义,数据操作,事务和运行管理,组织、存储和管理数据,数据库的建立和维护等。例如,SQL Server、Access、Oracle、DB2 和 MySQL 等。

数据库系统(database system,DBS):在计算机系统中引入数据库后,由数据库、数据库管理系统、开发工具、应用系统、数据库管理员和用户等构成的完整系统。

数据库系统组成:硬件、软件和人员(数据库设计员、程序员、数据库管理员和用户)等。

数据管理的三个阶段:人工管理、文件管理和数据库系统等。

8.2.2 数据模型的概念、组成与分类

数据模型:实际问题的模拟和抽象。即针对实际问题,研究数据及其联系,并最终解决问题的方法和步骤(数据特征的抽象 + 描述 / 组织 / 操作数据)。例如,图书平均价格模型:

$$\text{Ave} = \frac{1}{n} \sum_{i=0}^{n} P_i$$

式中,Ave 是平均价格,P_i($i=1,2,\cdots,n$)是每本图书的定价,n 是图书的数量。

数据模型的组成:数据结构、数据操作和数据完整性约束等。

数据完整性(数据库完整性):数据的正确性和相容性。具体包括实体完整性、参照完整性和用户定义完整性等。

数据模型的分类:层次模型(最早)、网状模型(复杂)、关系模型(流行)和面向对象模型等。其中关系模型(二维表)是具有规范二维表格结构的数据模型,是当前流行的数据模型。关系模型的示例如图 8-11 所示。

学号	姓名	性别	学号	课程号	成绩
S001	李明	男	S001	C001	99
S002	张伟	男	S002	C002	98
S003	王英	女	S003	C003	96
...	...	...	...	...	...

图 8-11   关系模型示例

8.2.3   数据库模式结构

数据库具有三级模式和二级映像的结构,三级模式分别为外模式、模式、内模式。二级映像分别为外模式 / 模式映像、模式 / 内模式映像。三级模式和二级映像的结构确保了数据独立性,如图 8-12 所示。

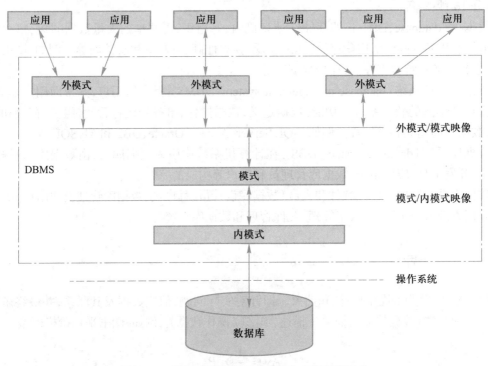

图 8-12   数据库系统的三级模式和二级映像结构

1. 模式

模式也称为逻辑模式或概念模式,是对数据库中全体数据的逻辑结构和特征的描述。模式是相对稳定的,是数据库系统模式结构的中间层,既不涉及数据库存储细节和硬件环境,也不涉及具体的应用程序、所使用的应用开发工具和高级程序设计语言。

一个数据库只有一种模式。数据库模式以某种数据模型为基础,统一综合地考虑了所有用户的需求,并将这些需求有机地结合成一个逻辑整体。模式是数据项值的框架。数据库系统的模式通常还包含访问控制、保密定义、完整性检查等方面的内容。

2. 外模式

外模式也称为子模式或用户模式,它是用户能够看见和使用的局部数据的逻辑结构和特征的描述,是用户的数据视图,是与某一应用有关的数据的逻辑表示。

外模式一般是模式的子集,一种模式可以有多种外模式。由于它是各个用户的数据视图,所以,如果不同的用户在应用需求、看待数据的方式、对数据保密的要求等各方面存在差异,则对外模式的描述也就不同。即使是模式中的同一数据,其在外模式中的结构、类型、长度、保密级别等也可以不同。另外,同一外模式也可以为某一用户的多个应用系统所用,但是一个应用程序只能使用一种外模式。

外模式是保证数据库安全的一种有力措施,用户只能看见和访问所对应的外模式中的数据,数据库中的其他数据是不可见的。

3. 内模式

内模式也称为存储模式,它是数据库在物理存储器上具体实现的描述,是数据在数据库内部的表示方法,也是数据物理结构和存储方式的描述。一个数据库只有一种内模式。

4. 模式之间的映射

数据库系统的三级模式是数据库在三个级别上的抽象,把数据的具体组织留给数据库管理系统,用户就能够逻辑地处理数据,而不必关心数据在计算机中的具体表示方式和存储方式。为了能够在内部实现这三个抽象层次的联系和转换,数据库管理系统在这三级模式之间提供了两层映射。

(1) 外模式 / 模式之间的映射:对每一个外模式,有一个外模式 / 模式映像用来定义外模式与模式之间的对应关系,映像定义通常包含在外模式的描述中。当模式改变时,数据库管理员对外模式 / 模式映像做相应改变,使外模式保持不变;应用程序是依据数据的外模式编写的,应用程序不必修改,保证了数据与程序的逻辑独立性。

(2) 模式 / 内模式之间的映射:定义了数据全局逻辑结构与存储结构之间的对应关系。模式 / 内模式之间的映射是唯一的,该定义通常包含在模式描述中。数据库的存储结构改变了,数据库管理员做相应改变,使模式保持不变,应用程序不改变,保证了数据与程序的物理独立性。

8.2.4 数据库设计步骤

设计步骤:需求分析(基础)、概念结构设计(桥梁)、逻辑结构设计(核心)、物理结构设计、系统实施和运行与维护等,如图 8-13 所示。

图 8-13　数据库设计步骤

(1) 需求分析:分析系统需求,建立数据字典。

例如,学籍管理系统中学生的部分数据字典。

学号 SNo：文本型；10 位（年 4 位 + 学院 2 位 + 班级 2 位 + 序号 2 位）；不同的学生，学号不能相同；不能为空；等等。

姓名 SName：文本型；20 位；不能为空；等等。

性别 SSex：文本型；2 位；只能是男和女；等等。

(2) 概念模型：数据及其关系的图形表示。组成要素：实体、属性和联系等。

实体（记录，元组）：客观存在且相互区别的事物。实体可以是人、事、物或抽象等。

例如，客户实体：（C001，李明，男，1966-06-01）。

属性（字段）：实体具有的特性。实体通常用多个属性来描述。

例如，客户实体的属性：户号、户名、性别和生日等。

联系：实体之间的关联关系。常用关系：一对一（1∶1）、一对多（1∶n）和多对多（$m∶n$）。

例如，学生与课程之间的选课联系为多对多。概念模型（E-R 图）如图 8-14 所示。

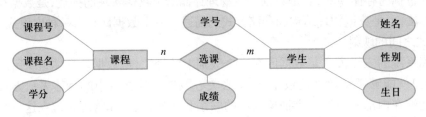

图 8-14   概念模型示例

(3) 逻辑结构：概念模型的 DBMS 表示。即概念结构（E-R 图）转化后的关系模型（二维表）的集合。

例如，学籍管理（图 8-14）的概念结构转化后的逻辑结构（关系模式）：

学生（学号，姓名，性别，生日）

课程（课程号，课程名，学分）

选课（学号，课程号，成绩）

8.2.5   关系模式规范化

范式：满足系统规范要求的关系模式的集合。即范式是规范化的关系模式。

常用范式：第一范式（first normal form，1NF）、第二范式（2NF）、第三范式（3NF）、BC 范式（Boyce Codd normal form，BCNF）、第四范式（4NF）和第五范式（5NF）等。

常用范式之间的关系如图 8-15 所示。

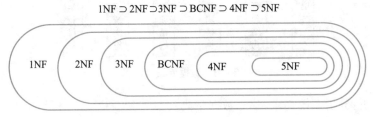

图 8-15   常用范式之间的关系

关系模式规范化,可以在一定程度上解决插入异常、修改异常、删除异常和数据冗余等问题。合格的数据库产品,至少应该达到 3NF。

8.2.6　数据库技术研究内容

数据库技术的研究内容包括数据库理论研究、数据库设计、数据库管理系统的研发和数据库应用系统的开发等领域,如图 8-16 所示。

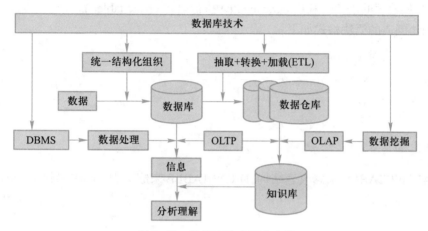

图 8-16　数据库技术研究内容

Python 提供了基于 ADO(ActiveX data objects,ActiveX 数据对象)、ODBC(open database connectivity,开放数据互联)和 JDBC(Java database connectivity,Java 数据互联)等数据库管理接口模块。因此,用户可以通过 Python 轻松方便地访问和管理目前流行的 SQL Server、Oracle、DB2、Microsoft Access、Microsoft Excel 和 ASCII(二进制)文本文件等的数据。

8.3　访问 SQLite 数据库

SQLite 是 Python 自带的关系数据库管理模块(import sqlite3)。利用 sqlite3 模块可以很方便地管理数据库及其表。

8.3.1　数据库的连接和创建

通过 sqlite 的 connect( ) 方法便能访问数据库,语法格式如下:

```
connection=sqlite3.connent('database_name.db')
```

如果数据库存在,则创建数据库的连接;如果不存在,则自动创建该数据库以及连接。
使用 connection.close( ) 便能关闭该数据库连接。

8.3.2   数据表的创建与编辑

在访问表时,需要把表(或查询结果)转入内存的缓冲区,然后对缓冲区的数据进行操作,因此需要定义一个指向缓冲区的指针(即游标),来访问缓冲区的数据。

创建和访问表,需要以下步骤。

(1) 创建数据库连接 connection。

(2) 创建游标 cur=connection.cursor。

(3) 执行创建表的语句。利用 cur.execut( ) 执行语句 create table( )。

创建和访问表的语法格式如下:

```
CREATE TABLE 表名 (
    属性 数据类型 [PRIMARY KEY],
    属性 数据类型
    …
    属性 数据类型 )
```

通过 ALTER TABLE 来修改表结构,DROP TABLE 来删除表(不但会删除表里的记录,而且删除了表结构)。

8.3.3   编辑表记录

1. 添加记录

使用 cur.execute( ) 方法执行语句 insert,语法格式如下:

```
INSERT INTO 表名 (属性 1,属性 2,…,属性 n)
            VALUES(常量 1,常量 2,…,常量 n)
```

注意:如果常量的类型、个数和顺序与表的属性的类型、个数和顺序均相匹配,则 SQL 语句中的表属性部分可以省略,否则属性和常量必须给出,而且两者的类型、个数和顺序均相匹配。

添加记录不一定需要整个记录,可以添加部分内容,同时属性可以使用 "?"。如果一次添加多条记录,则可以使用 cur.executemany( ),使用 cur.rowcount( ) 方法可以查看记录的个数。举例如下:

```
cur.executemany('insert into table1 values(?,?,?)',[('aa',1,'Monday'),
('bb',2,'Tuesday')])
cur.rowcount()
```

返回:2

使用 cur.commit( ) 方法提交修改,将缓冲区的数据写回数据库,否则修改无效。

如果需要返回游标对象的所有记录,可以使用 cur.fetchall( )。

如果需要撤销最后一次的修改,可以使用 connection.rollback( ) 进行撤销。

2. 修改记录

使用 cur.execute( ) 方法执行 update 语句,举例如下:

```
cur.execute('update table1 set age = 10,name=" 张三 " where id = 1')
cur.execute('update table1 set age = ?,name=? where id = ?',(10," 张三 ",1))
```

3. 删除记录

使用 cur.execute( ) 方法执行 delete 语句,语法如下:

```
DELETE FROM 表名 WHERE 条件
```

若省略 WHERE,则删除表中所有记录。

举例如下:

```
cur.execute('delete from table1 where id = 1')
```

4. 查询记录

使用 cur.execute( ) 方法执行 select 语句,语法如下:

```
SELECT 表达式 1,表达式 2,…
      FROM 表 1,表 2,…
      WHERE 条件
```

若省略 WHERE,则查询该表的所用行。

举例如下:

```
cur.execute('select id,name from table1 where age>10')
```

返回:游标指向的一个记录,使用 cur.fetchone( );返回游标指向的多个记录,使用 cur.fetchmany(n)。此操作会导致游标下移,当移至末记录后,则返回 None。

8.3.4 客户管理 SQLite 实现

sqlite3 是符合国际 SQL(structured query language,结构化查询语言)标准的关系数据库管理模块,该模块提供了一套完整的数据库管理语句集,因此可以很方便地进行数据库及其表的编辑、数据查询和统计等操作,从而完成复杂的数据处理和分析。

下面用一个完整的迷你客户信息管理系统来说明使用 Python 语言如何实现 SQLite 数据库的访问。

题目:使用 Python 和 sqlite3,设计并实现具有如下功能的迷你客户信息管理系统。

(1) 具有添加、修改、删除、查询、显示、清空客户和帮助信息等功能。

(2) 主菜单显示内容如下:

```
客户管理
========
1. 添加客户
2. 修改客户
3. 删除客户
4. 查询客户
5. 显示客户
6. 清空客户
7. 帮助信息
8. 退出系统
========
```

实例代码如下：

```python
#SQLite.py
def find(no):
    import sqlite3
    cn=sqlite3.connect('Cust.db')
    cur=cn.execute('select * from Cust where cno=?',(no,))
    Cust=cur.fetchall()
    if len(Cust)>0:
        n=1
    else:
        n=-1
    cn.close()
    return n
def appe():
    import sqlite3
    cn=sqlite3.connect('Cust.db')
    cno=input('输入户号:')
    if cno=='':
        print('户号无效！')
    else:
        if find(cno)==1:
            print('户号存在,重新添加！')
        else:
            cname=input('输入户名:')
            if cname=='':
                print('户名无效！')
            else:
```

```
            cn.execute('insert into Cust values(?,?)',(cno,cname))
            cn.commit()
            print('添加成功!')
    cn.close()
def alter():
    import sqlite3
    cn=sqlite3.connect('Cust.db')
    cno=input('输入户号:')
    if find(cno)==-1:
        print('查无此人!')
    else:
        print('原户号:%s'%cno)
        nid=input('输入新户号:')
        if nid=='':
            print('户号无效!')
        else:
            if find(nid)==1:
                print('客户存在!')
            else:
                cname=input('输入新户名:')
                if cname=='':
                    print('户名无效!')
                else:
                    cn.execute('update Cust set cno=?,cname=?
                            where cno=?',(nid,cname,cno))
                    cn.commit()
                    print('修改成功!')
    cn.close()
def dele():
    import sqlite3
    cn=sqlite3.connect('Cust.db')
    cno=input('输入户号:')
    if find(cno)==-1:
        print('查无此人!')
    else:
        print('户号:%s'%cno)
        yn=input('确定删除(y/n)? ')
        if yn=='y':
```

```python
            cn.execute('delete from Cust where cno=?',(cno,))
            cn.commit()
            print('删除成功!')
        else:
            print('删除失败!')
    cn.close()
def seek():
    import sqlite3
    cn=sqlite3.connect('Cust.db')
    cno=input('输入户号:')
    if find(cno)==-1:
        print('查无此人!')
    else:
        cur=cn.execute('select * from Cust where cno=?',(cno,))
        tm=cur.fetchone()
        print('查询结果:')
        print('户号:%s'%tm[0])
        print('户名:%s'%tm[1])
    cn.close()
def disp():
    import sqlite3
    cn=sqlite3.connect('Cust.db')
    cur=cn.execute('select * from Cust')
    Cust=cur.fetchall()
    if len(Cust)==0:
        print('没有客户!')
    else:
        print('客户信息:')
        n=0
        print('\t ','户号','\t','户名')
        for u in Cust:
            for a in u:
                print('\t ',a,end='')
            print()
    cn.close()
def delall():
    import sqlite3
    cn=sqlite3.connect('Cust.db')
```

```
        cn.execute('drop table if exists Cust')
        cn.execute('create table Cust(cno text primary key,cname text)')
        cn.close()
        print('客户已空!')
def helpc():
        print('按照提示信息使用!')
        print('程序设计:HappyYou')
        print('         2018年2月2日')
while 1:
        print('   客户管理')
        print('========')
        print('1.添加客户')
        print('2.修改客户')
        print('3.删除客户')
        print('4.查询客户')
        print('5.显示客户')
        print('6.清空客户')
        print('7.帮助信息')
        print('8.退出系统')
        print('========')
        yn=input('选择输入(1,2,3,4,5,6,7,8):')
        if yn=='1':
                appe()
        elif yn=='2':
                alter()
        elif yn=='3':
                dele()
        elif yn=='4':
                seek()
        elif yn=='5':
                disp()
        elif yn=='6':
                delall()
        elif yn=='7':
                helpc()
        else:
                print('谢谢使用,再见!')
                break
        input('回车继续...')
```

8.4 访问 SQL Server 数据库

SQL Server 是微软公司研发的符合国际 SQL 标准的专业级关系数据库管理系统,并提供了 ODBC 和 ADO 等多种接口,管理功能相当完善,由于通过简单的操作就可以非常安全稳定地进行数据库管理,因此拥有很高的市场占有率。目前 SQL Server 已经成为数据库领域的主流数据库管理工具。

特点:综合统一、语法简单、易学易用、面向集合操作、高度非过程化和一语多用等。

使用 SQL Server 数据库需要安装。SQL Server 和 SQL Server Management Studio(SQL Server 管理工作室),安装完成以后,还需要安装 Python 数据库组件并且将 Python 与 SQL Server 做连接配置,本书不做赘述。

8.4.1 数据库的连接与创建

访问数据库需要使用 win32com.client、ADODB.Connection 及其 Dispatch( ) 方法,然后利用前述生成的连接串,建立数据库连接。

使用 connection.Open( ),打开指定连接。代码如图 8-17 所示。

```
import win32com.client
connection=win32com.client.Dispatch('ADODB.Connection')
cnstr='Provider=SQLOLEDB.1;Integrated Security=SSPI;Data Source=(local)'
connection.Open(cnstr,'db1','123')
```

图 8-17 打开指定连接

使用 connection.Execute( ) 执行 CREATE DATABASE 语句来创建数据库,代码示例如图 8-18 所示。

```
connection.Execute('CREATE DATABASE Test')
```

图 8-18 执行 CREATE DATABASE 语句来创建数据库示例

使用 connection.Execute( ) 执行 USE 语句来使用数据库,代码示例如图 8-19 所示。

```
connection.Execute("USE Test")
```

图 8-19 执行 USE TABLE 语句来使用数据库示例

使用 connection.Execute( ) 执行 DROP 语句来删除数据库,代码示例如图 8-20 所示。

```
connection.Execute("DROP DATABASE Test")
```

图 8-20 执行 DROP DATABASE 语句来删除数据库示例

使用 connection.close( ) 来关闭数据库连接,如图 8-21 所示。

```
connection.close()
```

图 8-21 使用 connection.close( ) 来关闭数据库连接示例

8.4.2 数据表的创建与编辑

创建表的过程是先创建表结构,然后编辑表内容。

1. 创建表

通过 connection.Execute( ) 执行 CREATE TABLE 语句来创建数据表结构,语法如下:

```
CREATE TABLE 表 (
    属性 1 数据类型 1[属性完整约束],
    属性 2 数据类型 2[属性完整约束],
    …)
```

代码示例如图 8-22 所示。

```
connection.Execute('CREATE TABLE Student(id int,name char(10),age int,sex char(2))')
```

图 8-22 执行 CREATE TABLE 语句来创建数据表示例

2. 修改表

修改表结构:包括添加属性、修改属性和删除属性等。

(1) 添加属性,语法如下:

```
ALERT TABLE 表 ADD 属性 数据类型 [完整性约束]
```

代码示例如图 8-23 所示。

```
connection.Execute('ALERT TABLE Student ADD address CHAR(50)')
```

图 8-23 添加属性示例

(2) 修改属性,语法如下:

```
ALERT TABLE 表 ALTER COLUMN 属性 数据类型 [完整性约束]
```

代码示例如图 8-24 所示。

```
connection.Execute('ALERT TABLE Student ALTER COLUMN address CHAR(60)')
```

图 8-24 修改属性示例

(3) 删除属性,语法如下:

```
ALERT TABLE 表 DROP COLUMN 属性 |CONSTRAINT 约束
```

代码示例如图 8-25 所示。

```
connection.Execute('ALTER TABLE Student DROP COLUMN address')
```

图 8-25 删除属性示例

8.4.3   编辑表记录

编辑表记录与 SQLite 的使用方法类似,代码示例如图 8-26 所示。

```
connection.Execute("INSERT INTO Student VALUES('1','张三',19,'男')")
connection.Execute("UPDATE Student SET name='李四',sex='男' WHERE id=2")
connection.Execute("DELETE FROM Student WHERE name='王五'")
connection.Execute("DROP TABLE Student")
```

图 8-26   编辑表记录示例

通过 cur.execute( ) 执行 SELECT 语句来实现查询功能,语法如下:

```
SELECT ALL|DISTINCT|* 表达式 1,表达式 2,…
    FROM 表 1,表 2,…
    WHERE 条件表达式
    GROUP BY 属性 [HAVING 条件 ]
    ORDER BY 属性 [ASC|DESC]
```

其中 SELECT 和 FROM 必选,其他可选。

SELECT 后可跟想要显示的数据列,ALL 表示所有行,* 表示所有列,DISTINCT 表示去掉重复行。

FROM 后跟查询对象。

WHERER 后跟查询条件,省略 WHERE 时,查询所有行。

GROUP BY 对查询结果按指定列的值分组,该列的值相等的行为一组,通常会在每组中使用聚集函数,即实现分类统计。

HAVING 用于筛选出满足指定条件的分组。

ORDER BY 对查询结果按照指定列值进行升序(ASC)或者降序(DESC)排序,默认为升序。

使用 SELECT 查询记录,代码示例如图 8-27 所示。

```
connection.Execute("select id,name,address where sex = '男'")
```

图 8-27   使用 SELECT 语句查询记录示例

8.4.4   客户管理 SQL Server 实现

SQL Server 具有强大的数据库管理功能,配合 Python 丰富的数据处理与分析能力,可以更加灵活方便地实现数据管理。

下面用一个完整的迷你客户信息管理系统,说明 Python 访问 SQL Server 的灵活性。

题目:使用 Python 和 sqlite3,设计并实现具有如下功能的迷你客户信息管理系统。

(1) 具有添加、修改、删除、查询、显示、清空客户和帮助信息等功能。

(2) 主菜单显示内容如下:

```
客户管理
========
1. 添加客户
2. 修改客户
3. 删除客户
4. 查询客户
5. 显示客户
6. 清空客户
7. 帮助信息
8. 退出系统
========
```

实例代码如下：

```
#SQL Server.py
def appe():
    rs.LockType=4
    rs.Open('Cust',cn)
    # 添加任意交互输入记录
    tno=input(' 输入户号:')
    tname=input(' 输入户名:')
    tsex=input(' 输入性别:')
    rs.AddNew()
    rs.Fields(0).Value=tno
    rs.Fields(1).Value=tname
    rs.Fields(2).Value=tsex
    rs.UpdateBatch()
    rs.Close()
    print(' 添加成功 !')
def alter():
    tno=input(' 输入户号:')
    rs.Open('Cust',cn)
    while not rs.EOF:
        if (rs.Fields(0).Value).strip()==tno:
            tno=input(' 输入新户号:')
            tname=input(' 输入新户名:')
            tsex=input(' 输入新性别:')
            rs.Fields(0).Value=tno
            rs.Fields(1).Value=tname
            rs.Fields(2).Value=tsex
```

```
                rs.UpdateBatch()
                print('修改成功!')
                break
            else:
                rs.MoveNext()
        else:
            print('查无此人!')
        rs.Close()
    def dele():
        tno=input('输入户号:')
        rs.LockType=2
        rs.Open('Cust',cn)
        f=0
        while not rs.EOF:
            if (rs.Fields(0).Value).strip()==tno:
                f=1
                rs.Delete()
                rs.Update()
            rs.MoveNext()
        else:
            if f==0:
                print('查无此人!')
            else:
                print('删除成功!')
        rs.Close()
    def seek():
        tno=input('输入户号:')
        rs.Open('Cust',cn)
        f=0
        while not rs.EOF:
            if (rs.Fields(0).Value).strip()==tno:
                f=1
                print('户号:',rs.Fields(0).Value,'\t',end='')
                print('户名:',rs.Fields(1).Value,'\t',end='')
                print('性别:',rs.Fields(2).Value)
            rs.MoveNext()
        else:
            if f==0:
                print('查无此人!')
```

```
        rs.Close()
def disp():
    rs.Open('Cust',cn)
    if not rs.EOF:
        print(' 户号 \t 户名 \t 性别 ')
        while not rs.EOF:
            print(rs.Fields(0).Value,rs.Fields(1).Value,rs.Fields(2).Value,sep='\t')
            rs.MoveNext()
    else:
        print(' 没有客户 !')
    rs.Close()
def delall():
    cn.Execute("DELETE FROM Cust")
    print(' 客户已空 !')
def helpc():
    print(' 按照提示信息使用 !')
    print(' 程序设计:HappyYou')
    print('        2018 年 2 月 2 日 ')
# 导入 ADO 接口模块
import win32com.client
# 连接服务器和数据库
cn=win32com.client.Dispatch('ADODB.Connection')
cnstr='Provider=SQLOLEDB.1;Integrated Security=SSPI;Data Source=(local)'
cn.Open(cnstr,'sa','123')
# 如果数据库 Cust 已经存在,则删除
cn.Execute("IF DB_ID ('Cust') IS NOT NULL DROP DATABASE Cust")
# 创建数据库 Cust
cn.Execute("CREATE DATABASE Cust")
cn.DefaultDatabase='Cust'
# 打开数据库
cn.Execute("USE Cust")
# 如果表 Cust 已经存在,则删除
cn.Execute("IF OBJECT_ID('Cust') IS NOT NULL DROP TABLE Cust")
# 创建表 Cust
cn.Execute("CREATE TABLE Cust( CNo CHAR(4), CName CHAR(8),CSex CHAR(2))")
# 建立记录集合
rs=win32com.client.Dispatch('ADODB.RecordSet')
while 1:
```

```
        print('    客户管理')
        print('========')
        print('1. 添加客户')
        print('2. 修改客户')
        print('3. 删除客户')
        print('4. 查询客户')
        print('5. 显示客户')
        print('6. 清空客户')
        print('7. 帮助信息')
        print('8. 退出系统')
        print('========')
        yn=input('选择输入(1,2,3,4,5,6,7,8):')
        if yn=='1':
            appe()
        elif yn=='2':
            alter()
        elif yn=='3':
            dele()
        elif yn=='4':
            seek()
        elif yn=='5':
            disp()
        elif yn=='6':
            delall()
        elif yn=='7':
            helpc()
        else:
            print('谢谢使用,再见!')
            break
        input('回车继续 ...')
cn.Close()
```

8.5 MySQL 数据库

首先安装 MySQL。

安装完成后启动 MySQL 8.0 Command Line Client 来打开命令行界面,在命令行界面中可以直接使用 MySQL 语句进行数据库及其表的管理,如图 8-28 所示。

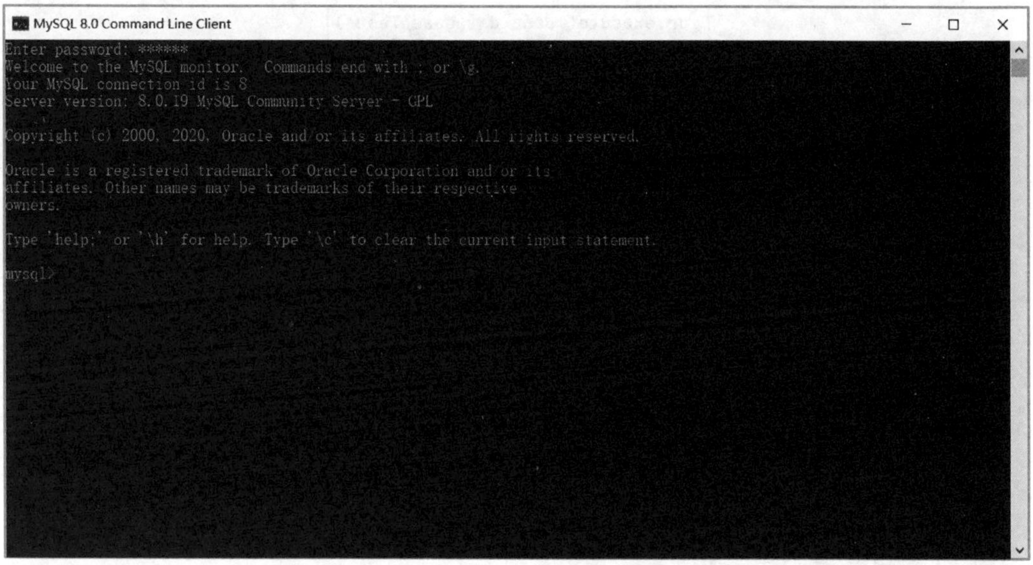

图 8-28　MySQL 命令行界面

8.5.1　数据库的连接与创建

通过使用 mysql.connector、connect( ) 以及 MySQLConnection( ) 来访问数据库,并建立数据库连接,如图 8-29 所示。

```
import mysql.connector
connection=mysql.connector.connect(host='localhost',user='root',password='123')
connection=mysql.connector.MySQLConnection(host='loacalhost',user='root',password='123')
```

图 8-29　访问 MySQL 数据库,并建立连接

使用 connection.cursor( ) 创建游标,如图 8-30 所示。

```
cur=connection.cursor()
```

图 8-30　使用 connection.cursor( ) 创建游标

使用 cur.execute( ) 执行 CREATE DATABASE Test 语句,来创建数据库。通过 connection.database 打开数据库,使用 cur.execute( ) 执行 use Test 来打开数据库,如图 8-31 所示。

```
cur.execute('CREATE DATABASE Test')
cur.execute('use Test')
connection.database
```

图 8-31　创建和打开数据库

通过 connection.close 关闭数据库,使用 cur.execute( ) 执行 drop database Test 语句来删除数据库,如图 8-32 所示。

```
cur.execute('drop database Test')
connection.close
```

图 8-32   删除数据库

8.5.2   数据表的创建与编辑

使用 connection.cmd_query( ) 来创建和删除表,如图 8-33 所示。

```
connection.cmd_query('create table t1(id int,name char(10),age int')
connection.cmd_query('drop table t1')
```

图 8-33   创建和删除表

8.5.3   编辑表记录

添加记录示例,如图 8-34 所示。

```
connection.cmd_query("insert into t1 values(1,'张三', 19)")
```

图 8-34   添加记录示例

修改记录示例,如图 8-35 所示。

```
connection.cmd_query("update t1 set name=李四',age=20 where id=2'")
```

图 8-35   修改记录示例

查询记录示例,如图 8-36 所示。

```
connection.cmd_query("slect age from t1 where name='王五'")
connection.cmd_query("slect * from t1")
```

图 8-36   查询记录示例

删除记录示例,如图 8-37 所示。

```
connection.cmd_query("delete from t1 where name='赵六'")
```

图 8-37   删除记录示例

提交记录,如图 8-38 所示。

```
connection.commit()
```

图 8-38   提交记录

本　章　实　验

实验 8　按照如下要求,设计程序,实现文本文件和二进制文件的读写。

1. 从键盘任意输入 1 个字符串、2 个逻辑值、3 个复数、4 个实数和 5 个整数,每一类数据各占一行输出,同时按照 5 行写入文本文件 Exp9-1.txt。最后读取并显示文本文件 Exp9-1.txt 的内容。

2. 把下面的内容写入二进制文件 Exp9-2.txt,然后读取并显示二进制文件 Exp9-2.txt 的内容。

> Precious things are very few!
>
> I wish you success in your work!
>
> With the compliments of the season!
>
> May joy and health be with you always!
>
> A friend is a loving companion at all times!
>
> The time passed by, yet our true friendship remains in my heart!

本　章　习　题

1. 解释打开文件和关闭文件。
2. 简述打开文件的方式。
3. 简述读取文件的过程。
4. 简述写入文件的过程。
5. 简述文本文件与二进制文件的主要区别。
6. 解释数据和数据库。简述数据库的特点。
7. 解释数据库管理系统。简述数据库管理系统的功能。
8. 解释数据库系统。简述数据库系统的组成。
9. 解释数据模型。简述数据模型的组成要素。
10. 简述数据库的模式结构。
11. 解释数据完整性。简述数据完整性的内容。
12. 简述数据库设计的步骤。
13. 简述数据库的基本操作。

本　章　慕　课

微视频 8-1　本题重点:使用 open( ) 函数,以写的方式打开文件。使用 write( ) 函数进行写入。

题目:从键盘输入一些字符,逐个把它们写到文本文件 test1.txt,直到输入一个 # 为止。

微视频 8-2　本题重点：使用 open（ ）函数，以只读的方式打开文件。使用 read（ ）函数读取文件内容，用列表类型进行保存，最后对列表中的元素进行计算操作。

题目：文本文件 data2.txt 中有多行数据，计算每一行的总和、平均值并在屏幕上输出结果。

微视频 8-3　本题重点：分别使用只读的方式打开文件，将文件内容以列表类型保存。可以使用"+"操作符对两个列表内容进行合并，最后使用 sort（ ）函数进行排序。使用 writelines（ ）函数写入一个字符串型的列表。注：当读完文件时一定要及时关闭文件。

题目：有两个文本文件 A.txt 和 B.txt 各存放一行字母，要求把这两个文件中的信息合并（按字母顺序排列）并保存至 C.txt 中。

微视频 8-4　本题重点：读取和写入".csv"文件与".txt"文件方式一样，根据存取内容的不同，选取合适的读取函数。

题目：某班有 13 名学生，名单由 Student 目录下文件 Name.txt 给出。某课程第一次考勤数据由 Student 下文件 1.csv 给出。请读取第一次缺勤学生的名单。

微视频 8-5　本题重点：SQLite 是 Python 自带的关系数据库管理模块，能很好地管理数据库信息与表信息。首先需要创建数据库连接，然后创建游标，用于访问数据库内的数据，然后创建需要的数据库表，最后使用创建或查询语句实现对数据库信息的添加与检索。

题目：创建 Student.db 数据库。

（1）创建 student 表，其中存储学生的学号、姓名及对应的性别。

（2）向 student 表中添加若干个学生信息。

（3）查询所有学生信息。

微视频 8-5　数据库实例 1

微视频 8-6　本题重点：一个较为完整的数据库系统，使用函数去定义不同的模块操作，通过调用函数，实现数据库系统的添加、删除、查询等功能。让整个系统看上去清晰明了。

题目：使用 sqlite3，设计并实现如下系统。

具有添加、修改、显示客户的功能。

菜单显示如下：

```
客户管理
----------

添加客户
删除客户
显示客户
退出系统
----------
```

微视频 8-6　数据库实例 2

程序源代码：第 8 章

## 第三部分

高 级 篇

通过基础篇和进阶篇的系统学习和实践,已经能够深入地理解和把握 Python 语言的精髓,进入高级阶段,我们应该注重 Python 程序设计语言在实际项目中的应用和创新,发挥自身的优势和作用,为推动中国特色社会主义事业不断向前发展和实现中华民族伟大复兴的中国梦贡献力量。这一阶段需要学习者深入研究 Python 的应用领域,掌握常用的数据分析和人工智能开发框架和工具,同时,还需要培养创新意识和解决问题的能力,积极参与到各种实际项目中去,不断提升自身的实践能力和创新能力。

本章的学习目标：
(1) 了解数据分析的基本概念。
(2) 了解与数据分析相关的几种类库。
(3) 掌握 NumPy 库的使用方法。
(4) 掌握 Pandas 库的使用方法。
(5) 使用相关类库对数据进行有目的性的处理。

9.1 数据分析

电子教案：第9章
Python 与数据分析

数据分析是指用适当的统计分析方法对收集来的大量数据进行分析，将它们加以汇总和理解并消化，以求最大化地开发数据的功能，发挥数据的作用。数据分析是为了提取有用信息和形成结论而对数据加以详细研究和概括总结的过程。

数据分析的数学基础在 20 世纪早期就已确立，但直到计算机的出现才使得实际操作成为可能，并使得数据分析得以推广。数据分析是数学与计算机科学相结合的产物。通过数据分析的手段可以对股票走势预测、电影票房预测、产品销量预测等诸多应用提供帮助。

Python 语言作为近年来最流行的一门编程语言，自 1991 年问世以来，逐渐以其较高的使用率，超越老牌编程语言 C、Java、C++。由于 Python 语言的简洁性、易读性以及可扩展性，国内外使用 Python 做科学计算的研究机构日益增多，大部分已经采用 Python 来教授程序设计课程，甚至部分初高中也将 Python 纳入日常教学内容。

Python 之所以能经久不衰且有愈演愈烈的态势，这和当前发展迅猛的数据分析和人工智能有着密切的关系。Python 强大的科学计算扩展库，被广大程序员和科研人员所认同。例如常用的 3 个经典的科学计算库：NumPy、SciPy 和 matplotlib，它们分别为 Python 提供了快速数组处理、数值运算以及绘图功能。

对于专业的数据分析从业者而言，经常需要从事数据库操作、报告撰写、数据可视化、数据挖掘等工作。传统的数据分析和数据挖掘可以利用 Excel，或者使用 SPSS 等一些平台工具进行，这些平台工具虽然可塑造性强，但是不可避免地会存在重复的机械劳动，从而降低用户的工作效率。但如果使用 Python 编写代码，操作的自由度更高，发展的潜力更大，工作效率将被大大提升。

综上所述，Python 语言及其众多的扩展库所构成的开发环境十分适合工程技术、科研人员处理实验数据和数据分析人员从事数据分析等工作。在使用 Python 对数据进行分析时，常使用 NumPy、SciPy、pandas、scikit-learn、matplotlib 等类库，满足用户的不同需求。

9.2 常用数据分析类库

9.2.1 NumPy

在进行科学计算时,常选择列表、元组、字典等数据结构作为数据的容器,列表可以保存一组值,其中的元素可以是任何对象,其中保存的是对象的指针,用列表类型来进行计算显然浪费内存和 CPU 计算时间。元组与列表类似,不同之处在于元组的元素不能修改。字典是另一种可变容器模型,且可存储任意类型对象,字典中的值可以取任何数据类型,但键必须是不可变的,因此字典会消耗更多的空间。

NumPy 的诞生弥补了这些不足,NumPy(numerical Python)是 Python 科学计算的基础包。NumPy 提供了两种基本的对象:ndarray(n-dimensional array object) 和 ufunc(universal function object)。ndarray 是存储单一数据类型的多维数组,而 ufunc 则是能够对数组进行处理的函数。而 SciPy 则是在 NumPy 库的基础上增加了众多的数学、科学以及工程计算中常用的库函数。

1. ndarray 对象

(1) ndarray 对象的概念

NumPy 库的基础就是 ndarray 对象,它的特点如下。

① ndarray 对象用于存放同类型元素的多维数组。

② ndarray 中的每个元素在内存中都有相同大小的存储区域。

③ ndarray 对象的组成。

- 一个指向数据(内存或内存映射文件中的一块数据)的指针。
- 数据类型或 dtype,描述在数组中固定大小值的格子。
- 一个表示数组形状(shape)的元组,表示各维度大小的元组。

一个跨度元组(stride),其中的整数指的是为了前进到当前维度下一个元素需要跨过的字节数。

(2) 创建 ndarray 对象

创建一个 ndarray 对象只需调用 NumPy 的 array( ) 函数即可:

```
NumPy.array(object,dtype=None,copy=True,order=None,subok=False,ndmin=0)
```

各参数的含义如表 9-1 所示。

表 9-1 ndarray 构造函数中各参数的功能描述

参数	描述
object	数组或嵌套的数列
dtype	数组元素的数据类型(可选)
copy	对象是否需要复制(可选)
prder	创建数组的样式,C 为行方向,F 为列方向,A 为任意方向(默认)
subok	默认返回一个与基类类型一致的数组
ndmin	指定生成数组的最小维度

（3）ndarray 对象的属性

ndarray 的维数称为秩（rank），一维数组的秩为 1，二维数组的秩为 2，以此类推。在 NumPy 中，每一个线性的数组称为一个轴（axes），秩其实是描述轴的数量。比如，二维数组相当于一个一维数组，而这个一维数组中每个元素又是一个一维数组。所以，这个一维数组就是 NumPy 中的轴，而轴的数量——秩，就是数组的维数。

ndarray 的常用属性有 dtype、shape、itemsize、ndim、nbytes、flags 等，它们的作用如下。

① ndarray.dtype 属性表示 ndarray 对象的元素类型。

② ndarray.size 属性表示数组元素的总个数。

③ ndarray.shape 属性表示数组的维度，返回一个元组，这个元组的长度就是维度的数目。

④ ndarray.itemsize 属性表示以字节的形式返回数组中每一个元素的大小，以字节为单位。

⑤ ndarray.ndim 属性用于返回数组的维数，等于秩。

⑥ ndarray.nbytes 属性表示数组中所有元素占用的字节数。

⑦ ndarray.flags 属性返回 ndarray 对象的内存信息。

（4）ndarray 的运算

ndarray 可以直接使用四则运算符 +、−、*、/、** 来完成运算操作，也可使用 add( )、subtract( )、multiply( )、divide( ) 函数实现数组的加、减、乘、除运算。ndarray 也支持关系运算符 >、>=、<、<=、==、!= 来完成关系运算，其结果是 True 或 False。

（5）索引与切片

ndarray 对象的某个元素可以通过索引下标进行访问，类似于 list 的切片操作，数组索引用 [] 加序号的形式引用单个数组元素，序号从左到右从 0 开始递增，从右到左则从 −1 开始递减。例如，一维数组 np.array([1,1,2,3,5,8,13]) 的索引如表 9-2 所示。

表 9-2　ndarray 的下标索引

从左到右索引	[0]	[1]	[2]	[3]	[4]	[5]	[6]
元素的值	1	1	2	3	5	8	13
从右到左索引	[−7]	[−6]	[−5]	[−4]	[−3]	[−2]	[−1]

切片操作是指抽取数组的一部分元素生成新的数组，对 Python 列表进行切片操作得到的数组是原数组的副本，而对 ndarray 进行切片操作得到的数组是指向相同缓冲区的视图。切片是通过在 [ ] 内用“:”隔开数字的方式来完成，如数组 a 的第 2 到 5 个元素可用 a[1:5] 表示；数组 a 的第 2、4、6、8 个元素可用 a[1:8:2] 表示；数组 a 的第 0、2、4、6、8……个元素可用 a[::2] 表示；a[::−2] 表示从右边开始，逐两个元素进行抽取。

2. ndarray 的迭代器对象

NumPy 迭代器对象 NumPy.nditer 提供了一种灵活访问一个或多个数组元素的方式，迭代器最基本的任务是完成对数组元素的访问。nditer 中的 order 参数可控制迭代的顺序，order='F' 时，以列序优先；order='C' 时，以行序优先。代码示例如图 9-1 所示，运行结果如图 9-2 所示。

NumPy.nditer 对象还有另一个可选参数 op_flags，默认情况下，nditer 视待迭代遍历的数组为只读对象（read-only）。为了在遍历数组的同时实现对数组元素的修改，必须指定该参数为 read-write 或 write-only 模式。

```python
import numpy as np

x = np.array([[1, 2, 3], [4, 5, 6]])
print('原始数组'.center(30, '-'), '\n', x)
print('迭代输出结果'.center(30, '-'), '\n')
for a in np.nditer(x):
    print(a, end='、')
print('\n')
print('以行优先迭代输出结果'.center(40, '-'), '\n')
for a in np.nditer(x.T, order='C'):
    print(a, end='、')
print('\n')
print('以列优先迭代输出结果'.center(40, '-'), '\n')
for a in np.nditer(x.T, order='F'):
    print(a, end='、')
```

图 9-1   迭代器示例代码

```
-------------原始数组-------------
 [[1 2 3]
 [4 5 6]]
------------迭代输出结果------------


1、2、3、4、5、6、


---------------以行优先迭代输出结果---------------


1、4、2、5、3、6、


---------------以列优先迭代输出结果---------------

1、2、3、4、5、6、
```

图 9-2   迭代器示例输出结果

3. NumPy 中常用的函数

（1）数学函数

使用 Python 自带的运算符，可完成加减乘除、取余取整、求幂等计算，导入 math 模块后，还可执行求绝对值阶乘、求平方根等数学运算，但如果要完成更加复杂的一些数学运算，使用 NumPy 数学函数是简单方便的方式。NumPy 提供了更多的数学函数，以帮助用户更好地完成一些数值计算。NumPy 常用的数学函数如表 9-3 所示。

表 9-3   NumPy 常用数学函数

函数	描述
sin( )、cos( )、tan( )	三角正弦、余弦、正切
arcsin( )、arccos( )、arctan( )	三角反正弦、反余弦、反正切
hypot( )	直角三角形求斜边
degrees( )	弧度转换为度
radians( )	度转换为弧度

续表

函数	描述
around( )	按指定精度返回四舍五入后的值
rint( )	四舍五入求整
exp( )、log( )	指数函数、自然对数函数
floor( )	向下取整,返回不大于输入参数的最大整数
ceil( )	向上取整,返回不小于输入参数的最小整数
sqrt( )、cbrt( )	平方根、立方根
square( )	平方
fbas( )	绝对值
sign( )	符号函数,正数返回 1,负数返回 −1,零返回 0

(2) 字符串函数

NumPy 字符串函数用于对 dtype 为 NumPy.string 或 NumPy.unicode 的数组执行向量化字符串操作,它们基于 Python 内置库中的标准字符串函数,这些函数在字符数组类(NumPy.char)中定义。NumPy 常用的字符串函数如表 9-4 所示。

表 9-4　NumPy 常用字符串函数

函数	描述
add( )	对两个数组的逐个字符串元素进行连接
multiply( )	返回按元素多重连接后的字符串
center( )	居中字符串
capitalize( )	将字符串第一个字母转换为大写
title( )	将字符串的每一个单词的第一个字母转换为大写
lower( )	数组元素转换为小写
upper( )	数组元素转换为大写
split( )	按指定分隔符对字符串进行分隔,并返回数组列表
splitlines( )	返回元素中的行列表,以换行符分割
strip( )	移除元素开头或结尾处的特定字符
join( )	通过指定分隔符来连接数组中的元素
replace( )	使用新字符串替换字符串中的所有子字符串
decode( )	数组元素依次调用 str.decode
encode( )	数组元素依次调用 str.encode

(3) 统计函数

NumPy 提供了很多统计函数,主要用于从一系列数据中查找最大值、最小值,求和、平均值、百分位数、中位数、标准差、方差等。NumPy 常用的统计函数如表 9-5 所示。

表 9-5　NumPy 常用统计函数

函数	描述
amin( )	用于计算数组中元素沿指定轴的最小值
amax( )	用于计算数组中元素沿指定轴的最大值
ptp( )	计算数组中元素最大值与最小值的差（最大值 – 最小值）
percentile( )	用于计算小于这个值的百分位数
median( )	用于计算数组中元素的中位数（中值）
mean( )	用于计算数组中元素的算术平均值
average( )	根据另一个数组中给出的各自的权重计算数组中元素的加权平均值
std( )	用于计算数组元素的标准差
var( )	用于计算数组元素的方差

（4）排序函数

NumPy 的排序函数有 sort( )、argsort( )、lexsort( )、searchsorted( )、partition( )、sort_complex( ) 等，各函数功能如表 9-6 所示。

表 9-6　NumPy 常用排序函数

函数	描述
sort( )	返回输入数组的排序数组
argsort( )	对输入数组沿着指定轴进行排序，返回排序后数组的索引
lexsort( )	对数组按多个字段进行排序，如果一个字段的值相同，则按另一个字段排序。它是间接排序，不修改原数组，返回数组的索引
searchsorted( )	查询排序
partition( )	按指定元素对数组分区排序
sort_complex( )	对复数进行排序，按照先实部后虚部的顺序进行排序

（5）条件筛选函数

在 NumPy 中可以按单个或多个固定值进行筛选，也可以按给定的条件进行筛选。NumPy 的条件筛选函数有 where( )、extract( )、argmin( )、nonzero( ) 等，各函数的功能描述如表 9-7 所示。

表 9-7　NumPy 常用条件筛选函数

函数	描述
argmax( )	沿给定轴返回最大元素的索引
argmin( )	沿给定轴返回最小元素的索引
nonzero( )	返回数组中非零元素的索引

续表

函数	描述
where( )	返回数组中满足条件元素的索引
extract( )	返回满足条件的数组中的元素

4. NumPy 文件读写

在对大量数据进行数据分析时,NumPy 需要在磁盘上读写文本数据或二进制数据。NumPy 为 ndarray 对象引入了扩展名为 .npy 的文件,用于存储重建 ndarray 所需的数据、图形、dtype 和其他信息。NumPy 常见的数据读写函数有 load( )、save( )、loadtxt( )、savetxt( )、savez( )等。load( ) 和 save( ) 函数读写文件数组数据以未压缩的原始二进制格式保存在扩展名为 .npy 的文件中。loadtxt( ) 和 savetxt( ) 函数用于读写文本文件(如 .txt)。savez( ) 函数用于将多个数组写入文件中,默认情况下,数组以未压缩的原始二进制格式保存在扩展名为 .npz 的文件中。

(1) 二进制文件读写

NumPy 的 load( ) 函数和 save( ) 函数分别用于对二进制文件的读取与写入。

load( ) 函数的语法格式如下:

```
numpy.load(file,mmap_mode=None,allow_pickle=True,fix_imports=True,encoding='ASCII')
```

函数参数的作用如下。

① file:要读取的文件。

② mmap_mode:内存映射模式,值为 {None,'r+','r','w+','c'),默认值为 None。

③ allow_pickle:可选项,布尔值,默认值为 True。allow_pickle=True 表示允许使用 Python pickles 保存对象数组。Python 中的 pickle 用于在保存到磁盘文件或从磁盘文件读取之前对对象进行系列化和反系列化。allow_pickle=False 表示不允许使用 pickle,加载对象数组失败。

④ fix_imports:可选项,布尔值,默认值为 True。fix_imports=True 表示 Python 2 中读取 Python 3 保存的数据。

⑤ encoding:编码,值可以是'latinl'、'ascii'、'bytes',默认值是'ascii'。

save( ) 函数的语法格式如下:

```
numpy.save(file,arr,allow_pickle=True,file_imports=True)
```

函数参数的作用如下。

① file:要读取或写入的二进制文件,扩展名为 .npy,如果文件没有指定扩展名,系统会自动加上 .npy。

② arr:表示读取或写入的数据数组。

③ allow_pickle:可选项,布尔值,allow_pickle=True 表示允许使用 Python pickle 保存对象数组。

④ fix_imports:可选项,布尔值,fix_imports=True 表示 Python 2 中读取 Python 3 保存的数据。

(2) 文本文件读写

NumPy 的 loadtxt( ) 和 savetxt( ) 函数用于读写文本文件。

loadtxt( ) 函数的语法格式如下：

```
numpy.loadtxt(fname,dtype=<class'float'>,
comments='#',delimiter=None,converters=None,skiprows=0,usecols=None,
unpack=False,ndmin=0,encoding='bytes')
```

函数参数的作用如下。
① fname：要读取的文件。
② dtype：结果数组的数据类型，可选项，默认值为 float。
③ comments：用于指示注释开头的字符或字符列表，即跳过文件中指定注释字符串开头的行，可选项。
④ delimiter：指定读取文件中数据的分隔符，可选项，默认值为 None。
⑤ converters：对读取的数据进行预处理，可选项，默认值为 None。
⑥ skiprows：跳过的行数，可选项，默认值为 0。
⑦ secols：指定读取的列，可选项，其中 0 为第 1 列。usecols＝(1,4,5)表示读取第 2、5、6 列数据。默认值为 None，表示读取所有列数据。
⑧ unpack：是否解包，可选项，布尔值，默认值为 False。unpack True 表示会对返回的数组进行转置。
⑨ ndmin：返回的数组的最小维度，默认值为 0。
⑩ encoding：编码，值可以是 'latin'、'ascii'、'bytes'，默认值是 'ascii'。
savetxt( ) 函数的语法格式如下：

```
numpy.savetxt(fname,X,fmt='%.18e',delimiter='',newline='n',header='',
footer='',comments='#',encoding= None)
```

函数参数的作用如下。
① fname：要写入的文件。
② X：要保存到文本文件中的数据。
③ fmt：格式字符系列，可选项。
④ delimiter：分隔列的字符串或字符，可选项。
⑤ newline：分隔行的字符串或字符（即换行符），可选项。
⑥ header：在文件开头写入的字符串，可选项。
⑦ footer：在文件结尾写入的字符串，可选项。
⑧ comments：将页眉和页脚字符串前附加字符串，以将其标记为注释，为可选项。
⑨ encoding：编码，值可以是 'latin1'、'ascii'、'bytes'，默认值是 'ascii'。

9.2.2 pandas

pandas 是 Python 的一个数据分析包，最初由 AQR Capital Management 于 2008 年 4 月开发，并于 2020 年底开源出来。pandas 最初被作为金融数据分析工具而开发出来，因此，pandas 为时间序列分析提供了很好的支持。pandas 的名称来自面板数据（panel data）和 Python 数据分析（data analysis）。panel data 是经济学中关于多维数据集的一个术语，在 pandas 中也提供了 panel 的数据类型。

pandas 是基于 NumPy 的一种工具，该工具是为了解决数据分析任务而创建的。pandas 也为用户提供了高级数据结构和函数，这些数据结构和函数的设计使得利用结构化、表格化数据的工作更快速、简单。此外，pandas 中还纳入了大量库和一些标准的数据模型，为用户提供了高效操作大型数据集所需的工具。

pandas 具有下列特点。

（1）运算速度快。NumPy 和 pandas 都是采用 C 语言编写，但 pandas 是基于 NumPy 的升级版本。

（2）消耗资源少。它采用的是矩阵运算，比 Python 自带的字典或者列表快很多。

（3）可以进行各种数据运算和转换，处理数据时，比数据库、Excel 等做数据处理在性能和处理速度上有较大的优势。

（4）提供了大量的函数，为程序的编写提供了方便。

pandas 官网（http://pandas.pydata.org/）如图 9-3 所示。

图 9-3　pandas 官网

1. pandas 的数据结构

pandas 有三种数据结构：系列（Series）、数据帧（DataFrame）、面板（Panel）。这些数据结构构建在 NumPy 数组之上，较高维数据结构一般是其较低维数据结构的容器。例如，Series 一般对应于一维的序列；DataFrame 是 Series 的容器，对应于二维的表结构；Panel 是 DataFrame 的容器。它们对应的维数和描述如表 9-8 所示。

表 9-8　pandas 数据结构

数据结构	维数	描述
系列	1	一般用 1D 标记，均匀数组，大小不变
数据帧	2	一般用 2D 标记，大小可变的表结构与潜在的异质类型的列
面板	3	一般用 3D 标记，大小可变数组

（1）系列

系列（Series）是能够保存任何类型的数据（如整数、字符串、浮点数、Python 对象等）的一维标记数组。轴标签统称为索引。系列是具有均匀数据的一维数组结构,它的特点是,元素都是数据;尺寸大小不可改变;数据的值可变。

pandas 系列的构造函数如下:

```
pandas.Series(data,index,dtype,copy)
```

各参数的作用如表 9-9 所示。

表 9-9 构造函数各参数功能

参数	描述
data	数据采取各种形式,如 ndarray、list、constants
index	索引值必须是唯一的和散列的,与数据的长度相同
dtype	dtype 用于数据类型。如果没有,将推断数据类型
copy	复制数据,默认为 False

(2) 数据帧

数据帧(DataFrame)是一个具有异构数据的二维数组,它的数据以行和列的表格方式排列,如表 9-10 所示,表中的每一行表示一名学生,每一列表示一个属性。

表 9-10 人 员 名 单

姓名	年龄	性别
张三	19	男
李四	21	女
王五	22	男
赵六	20	男

DataFrame 的特点是,潜在的列是不同的数据类型,即异构数据;大小可以改变,数据也可以改变;有行标签轴和列标签轴;可以对行和列执行算术运算。

pandas 数据帧的构造函数如下:

```
pandas.DataFrame(data,index,columns,dtype,copy)
```

各参数的作用如表 9-11 所示。

表 9-11 DataFrame 构造函数各参数功能描述

参数	描述
data	数据,可以是 ndarray、list、constants 等形式
index	行索引标签
columns	列索引标签
dtype	dtype 表示数据类型,如果没有指定,将推断数据类型
copy	复制数据,默认为 False

构造 DataFrame 的数据可以是 ndarray、list、Series、dictionary 等,也可以是 DataFrame 数据,还可以从 Excel 文件、CSV 文件中读出数据生成 DataFrame。

(3) 面板

面板(Panel)是具有异构数据的三维数据结构,它可以是 DataFrame 的容器。它和 DataFrame 一样,异构数据大小可以改变,数据也可以改变。

pandas 面板的构造函数如下:

```
pandas.Panel(data,items,major_axis,minor_axis,dtype,copy)
```

构造函数各参数功能描述如表 9-12 所示。

表 9-12 Panel 构造函数各参数功能描述

参数	描述
data	数据,可以是 ndarray、DataFrame 字典形式的数据
items	索引或类似数组轴 = 0
major_axis	索引或类似数组轴 = 1
minor_axis	索引或类似数组轴 = 2
dtype	dtype 表示数据类型,如果没有指定,将推断数据类型
copy	复制数据,默认为 False

Panel 是三维的数据,可以理解为由若干个相同结构的 DataFrame 组成,构造 Panel 时需要指定 DataFrame 的索引 items、DataFrame 中的 major_axis 和 minor_axis 轴的索引。

2. pandas 的索引操作

索引是数据表中每行数据的标识,使用索引可以轻松访问指定数据。pandas 中的索引是数组结构,可以像数组一样访问各个元素,与数组不同的是,pandas 索引列表中的元素不允许修改,可以在不同的 Series 和 DataFrame 对象中共享索引,而不用担心索引的改变。Series 和 DataFrame 对象中索引操作方法相同。

(1) 索引和选取

pandas 索引中 Series 索引操作类似于 NumPy 数组的索引,不过 Series 的索引值不只是整数。DataFrame 进行索引是获取一个或多个列或者行,获取行时,可通过切片或布尔型数组,利用布尔型 DataFrame 进行索引,在行上标签索引,引入索引字段 ix,通过 NumPy 的标记法及轴标签从 DataFrame 中选取行和列的子集。

(2) 重新索引和更换索引

在 pandas 中虽然无法修改索引中的元素,但可以通过重新索引的方式为 Series 或 DataFrame 对象指定新的索引。最简单的方法是用 Index 方法将可调用对象索引化,然后赋值给 Series 或 DataFrame 对象的索引。

重新索引会更改 DataFrame 的行标签和列标签,这表示符合数据以匹配特定轴上的一组给定的标签,通过索引实现重新排序现有数据以匹配一组新的标签,在没有标签数据的标签位置插入缺失值(NaN)标记。

pandas 提供了 reindex 方法对 Series 和 DataFrame 对象进行重新索引,即利用新索引将 Series 和 DataFrame 对象的数据进行重排,并创建一个新的对象。重排时不仅会按照新索引对数据进行排序,还将比对新老索引,对数据进行过滤和填充 NaN 操作。

而在 DataFrame 中,reindex 方法不但可以修改行索引,而且可以对列进行修改。行索引的修改与 Series 中的操作相同,可以对顺序进行重排,也可以对数据进行过滤和填充;对列进行修改时需要 reindex 方法的参数 "columns" 来指定新的列。reindex 方法使用起来简单,但需要注意,重新索引用于创建新的对象,并不会对原对象进行修改。

3. pandas 文件读写

pandas 可以从多种存储介质(如文件和数据库)读取数据,也可以将不同的数据写入不同格式的文件中。pandas 提供了多种 I/O API 函数用于读写数据文件,这些函数把大多数常用格式的数据作为 DataFrame 对象进行读写操作,高效且方便。

(1) 读写 CSV 文件

CSV(comma-separated-values)文件以纯文本形式存储表格数据(数字和文本),CSV 是一种通用的、相对简单的文件格式,被用户、商业和科学研究广泛应用。CSV 文件由任意数目的记录组成,记录间以某种换行符分隔,每条记录由字段组成,字段间的分隔符是其他字符或字符串,最常见的是逗号或制表符。一般情况下,所有记录都有完全相同的字段序列,通常都是纯文本文件。pandas 的 read_csv( ) 和 to_csv( ) 函数可以对 CSV 文件进行数据的读写。

pandas 读取函数 read_csv( ) 的语法格式如下:

```
pandas.read_csv(filepath_or_buffer, sep= ',', header='infer', names=None,
usecols=None, engine=None, skiprows= None,skipfooter=0,…)
```

函数参数的作用如下。

① filepath_or_buffer:可以是 URL 或本地文件,可用 URL 类型包括 http、ftp、s3 和文件。

② sep:指定分隔符。如果不指定参数,会尝试使用逗号分隔。长度超过 1 个字符且不是 '\s+' 的分隔符将被解释为正则表达式,并且还将强制使用 Python 解释器。

③ header:将行号用作列名,且是数据开始行号。如果文件中没有列名,则默认为 0,否则设置为 None。如果明确设定 header=0 就会替换掉原来存在的列名。header 参数可以是一个 list,如 [0,1,3],这个 list 表示将文件中的这些行作为列标题(意味着每一列有多个标题),介于中间的行将被忽略。注意:如果 skip_blank_lines=True,那么 header 参数忽略注释行和空行,所以 header=0 表示第一行数据而不是文件的第一行。

④ names:用于结果的列名列表,如果数据文件中没有列标题行,就需要执行 header=None。默认列表中不能出现重复,除非设定参数 mangle_dupe_cols=True。

⑤ usecols:返回一个数据子集,该列表中的值必须可以对应到文件中的位置(数字可以对应到指定的列)或者是字符串为文件中的列名,如 usecols=[1,2,3] 或者 usecols=['one','two','three']。使用这个参数可以加快加载速度并降低内存消耗。

⑥ engine:使用的解释器可以选择 C 或者 Python。C 解释器快,但是 Python 解释器功能更加完备。

⑦ skiprows:需要忽略的行数(从文件开始处算起),或需要跳过的行号列表(从 0 开始)。

⑧ skipfooter:文件尾部要忽略的行数(C 解释器不支持)。

DataFrame 数据写入 CSV 文件函数 to_csv( ) 的语法格式如下：

```
DataFrame.to_csv(path_or_buf=None,sep=',',na_rep='',columns=None,header=
True,index=True,mode='w',encoding=None,…)
```

函数参数的作用如下。

① path_or_buf=None：文件路径或对象，默认为 None。

② sep：输出文件的字段分隔符，默认为“，”。

③ na_rep：替换空值。

④ columns：可选列写入。

⑤ header：写出列名，字符串或布尔列表，默认为 True。如果给定字符串列表，则假定为列名的别名。

⑥ index：写入行名称（索引），布尔值，默认为 True。

⑦ mode：模式，值为 str，字符串。Python 写模式默认为“w”。

⑧ encoding：编码，字符串，可选，表示在输出文件中使用的编码的字符串，Python 2 中默认为“ASCII”，Python 3 中默认为“UTF-8”。

（2）读写 Excel 文件

Excel 文件为电子表格文件，分为 Excel2003(.xls) 和 Excel2007(.xlsx) 两种类型的文件。pandas 的 read_excel( ) 和 to_excel( ) 函数可以对 Excel 文件进行数据的读写。

pandas 读取 Excel 文件函数 read_excel( ) 的语法格式如下：

```
pandas.read_excel(filepath,sheet_name=0,header=0,names=None,index_col=None,
usecols=None,squeeze=False,dtype=None,skiprows=None,skipfooter=0)
```

函数参数的作用如下。

① filepath：字符串，文件的路径对象。

② sheet_name：None、string、int、字符串列表或整数列表，默认为 0。字符串用于工作表名称，整数用于零索引工作表位置，字符串列表或整数列表用于请求多个工作表，为 None 时获取所有工作表。各值对应的操作如表 9-13 所示。

表 9-13 sheet_name 的值对应操作

值	对应操作
sheet_name=0	第 1 张工作表为 DataFrame
sheet_name=1	第 2 张工作表为 DataFrame
sheet_name="Sheet1"	名为 Sheet1 的工作表为 DataFrame
sheet_name=[0,1,'Sheet5']	第 1、2 张工作表和名为 Sheet5 的工作表作为 DataFrame 的字典

③ ader：指定作为列名的行，默认为 0，即取第一行的值为列名。数据为列名行以下的数据，若数据不含列名，则设定 header=None。

④ names：默认为 None，要使用的列名列表，如不包含标题行，则设定 header=None。

⑤ index_col：指定列为索引列，默认为 None。

⑥ usecols：int 或 list，默认为 None。如果 usecols 为 None，则为所有列；如果 usecols 为 int，则表示要解析的最后一列；如果 usecols 为 int 列表，则表示要解析的列号列表；如果 usecols 为字符串，则表示以逗号分隔的 Excel 列字母和列范围列表（例如"A:E"或"A,C,E:F"）。

⑦ squeeze：布尔值，默认为 False，如果解析的数据只包含一列，则返回一个 Series。

⑧ dtype：列的类型名称或字典，默认为 None。为数据或列的数据类型。例如 {'a':np. float64, 'b':np,int32} 使用对象存储在 Excel 中的数据而不解释 dtype。

⑨ skiprows：省略指定行数的数据，从第 1 行开始。

⑩ skipfooter：省略指定行数的数据，从尾部数的行开始。

DataFrame 数据写入 Excel 文件函数 to_excel( ) 函数语法格式如下：

```
DataFrame.to_excel(self,excel_writer,sheet_name='Sheet',columns=None,header=
True,index=True,index_label=None,startrow=0,startcol=0,merge_cells=True)
```

函数参数的作用如下。

① excel_writer：文件路径。

② sheet_name：写入 Excel 文件的工作表名。

③ columns：选择输出的列。

④ header：写出列名，字符串或布尔列表，默认为 True，如果给定字符串列表，则假定为列名的别名。

⑤ index：布尔值，默认为 True，写入行名称（索引）。

⑥ index_label：字符串或序列，如果需要，默认索引列的无列标签。如果没有给定，并且 header 和 index 为 True，则使用索引名称。如果数据帧使用多索引，则应给出序列。

⑦ startrow：开始行。

⑧ startcol：开始列。

⑨ merge_cells：合并单元格，布尔值，默认为 True，将多索引和分层行作为合并单元格写入。

（3）读写数据库文件

使用 read_sql( ) 函数从 MySQL 数据库中读取数据，函数语法格式如下：

```
pandas.read_sql(sql,con,index_col=None,coerce_float=True,params=None,…)
```

函数参数作用如下。

① sql：SQL 语句。

② con：数据库连接字符串，包含数据库的用户名、密码等。

③ index_col：索引列。

④ coerce：强制转换为浮点值。

⑤ params：参数列表。

使用 to_sql( ) 函数把 DataFrame 对象中的数据保存到数据库中。pandas 的最新版本只支持保存到 sqlite 数据库。因此，要保存数据到 MySQL，还需要多安装一个 Python 包——SQLAlchemy，直接使用 pip 命令进行安装：pip install SQLAlchemy 或者到 https://www.lfd.uci.edu/~gohlke/pythonlibs/#sqlalchemy 下载 .whl 文件，使用以下命令进行安装：pipinstall 下载的安装文件。

to_sql( ) 函数用来将数据写入到数据库中,to_sql( ) 函数语法格式如下:

```
DataFrame.to_sql(self,name,con,schema=None,if_exists='fail',index=True,
index_label=None,…)
```

函数参数作用如下。
① name:要保存的表名。
② con:数据库连接字符串,包含数据库的用户名、密码等。
③ schema:指定方案,字符串,可选。
④ if_exists:如果表已经存在,如何进行操作,值可为 {'fail','replace','append'},默认为 'fail'(失败)。如果值为 'fail',引发 ValueError;如果值为 'replace'(替换),在插入新值之前删除表;如果值为 'append'(追加),向现有表插入新值。
⑤ index:将数据帧索引写入列,使用索引标签作为表中的列名索引,布尔值,默认为 True。
⑥ index_label:索引列的列标签。

9.2.3 matplotlib

matplotlib 是 Python 最著名的绘图库,它提供了一整套和 MATLAB 相似的命令 API,十分适合交互式制图。而且也可以方便地将它作为绘图控件,嵌入 GUI 应用程序中。matplotlib 的 pyplot 子库提供了和 MATLAB 类似的绘图 API,方便用户快速绘制 2D 图表。matplotlib 还提供 pylab 模块,包括许多 NumPy 和 pyplot 中常用的函数,方便快速进行计算绘图,可用于 IPython 中的快速交互式使用。官网如图 9-4 所示。

图 9-4 matplotlib 官网

9.3　Python 与数据分析案例

　　量化投资是指通过数量化方式及计算机程序化发出买卖指令,以获取稳定收益为目的的交易方式。在海外的发展已有 30 多年的历史,其投资业绩稳定,市场规模和份额不断扩大,得到了越来越多投资者认可。从全球市场的参与主体来看,按照管理资产的规模,全球排名前四以及前六位中的五家资管机构,都是依靠计算机技术来开展投资决策,由量化及程序化交易所管理的资金规模在不断扩大。

　　它的基本理念是利用计算机技术结合一定的数字模型去实践投资者的思想和策略。

　　量化投资的优点是它可以克服人性的弱点,如贪婪、恐惧、侥幸心理,也可以克服认知偏差,使每一个决策都有理有据。同时因为它具备强大的信息处理能力,可以帮助用户捕捉更多的投资机会。

　　如图 9-5 展示的是获取股票数据所用到的代码。

```python
def collect_stock_data_pro(code, start_date, end_date):
    try:
        stk_data = pro.daily(ts_code=code, start_date=start_date, end_date=end_date)

        return stk_data
    except:
        print('Stock ' + code + ' could not collect from Tushare Pro')

def random_pick_stocks_code_pro(n):
    stock_list = pro.stock_basic(exchange='', list_status='L', fields='ts_code,symbol,name,area,industry,list_date')
    ind = [x[0] for x in list(np.random.randint(low_ = 0, high = len(stock_list), size = (n, 1)))]
    return list(stock_list.iloc[ind]['ts_code'])

start_date='20170701'
end_date='20200730'
n = 3 # number of stocks you wanna collect from Tushare

codes = random_pick_stocks_code_pro(n)
stock_list = []
for c in codes:
    stock_info = {}
    stock_info['code'] = c
    stock_info['data'] = collect_stock_data_pro(c, start_date, end_date)
    stock_list.append(stock_info)

#print(stock_list)
```

图 9-5　获取股票数据

　　如图 9-6 所示为获取特定的股票信息的代码。

```python
# load data from multiple data source
import tushare as ts
import numpy as np
import pandas as pd


tushare_token = '1c8b06446534ae510c8c68e38fc248b99f89ac3814cb55645ae2be72'
# 请在 tushare.pro 网站注册并且告知学生身份, 可以取得你的token
pro = ts.pro_api(tushare_token)
```

图 9-6　获取特定的股票信息

如图 9-7 所示为输出的股票信息的部分内容。

```
[{'code': '002550.SZ', 'data':        ts_code trade_date  open  high  ...  change pct_chg      vol      amount
0       002550.SZ  20200730  4.72  4.84  ...    0.02   0.4246  139998.10  66819.787
1       002550.SZ  20200729  4.57  4.71  ...    0.13   2.8384  120558.00  55918.035
2       002550.SZ  20200728  4.60  4.70  ...   -0.04  -0.8658   88597.08  40919.430
3       002550.SZ  20200727  4.65  4.69  ...   -0.03  -0.6452  109592.88  50369.522
4       002550.SZ  20200724  4.80  4.93  ...   -0.15  -3.1250  150641.88  71898.037
..            ...       ...   ...   ...  ...     ...      ...        ...        ...
746     002550.SZ  20170707  6.02  6.04  ...    0.04   0.6700   76106.00  45737.351
747     002550.SZ  20170706  6.01  6.03  ...   -0.05  -0.8300   87130.19  52058.976
748     002550.SZ  20170705  5.90  6.08  ...    0.12   2.0300  125567.39  75050.334
749     002550.SZ  20170704  5.93  5.94  ...   -0.04  -0.6700   96005.47  56746.257
750     002550.SZ  20170703  5.94  5.95  ...    0.00   0.0000   92489.00  54644.466

[751 rows x 11 columns]}, {'code': '603345.SH', 'data':        ts_code trade_date   open  ...  pct_chg      vol       amount
0       603345.SH  20200730  145.00  ...  -0.4208  11391.92  167023.694
1       603345.SH  20200729  145.68  ...   0.4156  10607.96  152255.786
2       603345.SH  20200728  140.80  ...   3.5655  11634.61  166970.888
3       603345.SH  20200727  138.27  ...  -0.7194  12024.40  167984.339
4       603345.SH  20200724  148.00  ...  -5.4545  17473.77  247976.592
..            ...       ...     ...  ...      ...       ...         ...
746     603345.SH  20170707   26.49  ...   4.0700  87324.87  239491.231
747     603345.SH  20170706   26.51  ...  -0.1100  45488.53  120379.044
748     603345.SH  20170705   25.85  ...   2.8700  48433.53  127342.650
749     603345.SH  20170704   25.94  ...  -0.6200  19119.52   49452.005
750     603345.SH  20170703   25.60  ...   1.4500  22159.85   57170.369
```

图 9-7　输出的股票信息

9.3.1　夏普比率

在量化投资中,夏普比率指的是基金绩效评价标准化指标,它是通过将一项投资的实际或预期回报,与无风险投资(如债券)的回报进行比较来实现的。它将两种回报率进行比较,将投资组合的标准差考虑在内,以便让投资者了解他因承担与股票投资相关的额外风险而获得的额外收益(如果有的话)。

夏普比率越高,说明在承担一定风险的情况下,所获得的超额回报越高。反之,如果夏普比率很小甚至为负,说明承担一定的风险所获的超额回报很小或者没有超额回报。

夏普比率的计算公式如下:

$$\text{SharpenRatio} = \frac{E(R_p) - R_f}{\sigma_p}$$

其中 $E(R_p)$ 表示股票回报率,R_f 表示基准收益率,σ_p 表示超额收益标准差。

夏普比率的计算方法如下。

(1) 计算两个投资产品(即股票和 CIS300)的每日收益率,并将其命名为"stock_returns"(股票回报率)和"benchmark_returns"(基准回报率)。

(2) 计算股票相对于基准的表现,通过比较每日股票收益率和基准收益率之间的差异,将其命名为"excess_returns"(超额收益)。

(3) 计算超额收益的平均值,以此来知晓与基准相比,每天的投资收益率是涨是跌。将其命名为"avg_excess_returns"(平均超额收益)。

(4) 计算超额收益的标准差,用来得到股票投资与基准投资相比所隐含的风险量。将其命名为"std_excess_returns"（标准超额回报）。

（5）计算超额收益均值和超额收益标准差的比率,得到的结果就是夏普比率,它表明了每单位风险的投资机会收益率的多少。

特别要注意的是,夏普比率的计算通常乘以周期数的平方根,这里输入了每日数据,因此将使用交易日数的平方根。

如图 9-8 所示为计算夏普比率的代码。

```python
# calculate daily stock returns
stock_returns = stock_list[0]['data'].pct_chg

# calculate benchmark returns
benchmark_returns = pro.index_daily(ts_code='000300.SH', start_date = start_date, end_date = end_date).pct_chg

# calculate the difference in daily returns for stocks vs S&P
excess_returns = stock_returns.sub(benchmark_returns, axis=0)

# calculate the mean of excess_returns
avg_excess_return = excess_returns.mean()
avg_excess_return

# calculate the standard deviation for daily excess return
std_excess_return = excess_returns.std()
std_excess_return

# calculate the daily sharpe ratio
daily_sharpe_ratio = avg_excess_return/(std_excess_return)
# annualize the sharpe ratio
ann = np.sqrt(len(benchmark_returns))
annual_sharpe_ratio = daily_sharpe_ratio * ann
annual_sharpe_ratio
```

图 9-8   计算夏普比率

9.3.2 信息比率

信息比率（IR）是一种评估比率,衡量的是主动策略优于基准的表现水平,它表示单位主动风险所带来的超额收益,信息比率反映基金超过基准的程度。较高的信息比率表示所需的一致性水平,而较低的信息比率则相反。许多投资者在根据其偏好的风险状况选择交易所交易基金（ETF）或共同基金时使用信息比率。当然,过去的表现不是未来业绩的指标,但信息比率用于确定投资组合是否超过基准指数基金。

信息比率也有其局限性,将多只基金与一个基准进行比较很难理解,因为这些基金可能有不同的证券,每个部门的资产配置不同以及投资的切入点不同。与任何单一的财务比率一样,最好同时查看其他类型的比率和其他财务指标,以做出更全面、更明智的投资决策。

信息比率的公式如下：

$$IR = \frac{E(r_s - r_b)}{std(r_s - r_b)}$$

其中 r_s 为策略收益,r_b 为基准收益,两者之差为主动收益,$std(r_s - r_b)$ 为跟踪误差,因此 IR 等于预期主动收益除以跟踪误差,换句话说,该比率衡量的是投资策略的主动收益除以相对于基准所承担的风险量。

如图 9-9 和图 9-10 所示为计算信息比率的代码。

```python
def tick2ret(price):
    return 100 * (price - price.shift(1)).div(price.shift(1))[1:]

def random_stocks_return_pro(start_date, end_date, n):
    ret_list = pd.DataFrame()
    codes = [i for i in random_pick_stocks_code_pro(n)]
    for c in codes:
        st = collect_stock_data_pro(c,start_date,end_date)
        st.set_index(['trade_date'], inplace=True)
        st_ret = tick2ret(st['close']).to_frame(name = c)
        ret_list = pd.concat([ret_list, st_ret], axis = 1 ,join = 'outer', ignore_index = False, sort = False)
    ret_list.dropna(axis = 0, how = 'any', inplace = True)
    return ret_list, codes

def merge_with_cis300(ret_list):
    cis300 = pro.index_daily(ts_code='000300.SH')
    cis300.set_index(['trade_date'], inplace=True)
    st_ret = tick2ret(cis300['close']).to_frame(name = 'cis300')
    ret_list = pd.concat([ret_list, st_ret], axis = 1 ,join = 'outer', ignore_index = False, sort = False)
    ret_list.dropna(axis = 0, how = 'any', inplace = True)
    return ret_list
```

图 9-9 定义信息比率参数的计算函数

```python
start_date='2019-01-01'
end_date='2020-12-13'
n = 5
ret_list, name = random_stocks_return_pro(start_date, end_date, n)
ret_list = merge_with_cis300(ret_list)

# number of assets or stocks
num_assets = n
# number of portfolios
num_ports = 2
# benchmark and the return list
benchmark = ret_list['cis300']
st_ret_list = ret_list.iloc[:,:-1]
# the weighting scheme
weights = np.random.random([num_ports,num_assets])
weights = weights / (np.mat(np.sum(weights, axis = 1)).T* np.ones([1,num_assets]))
# portfolio returns
#ports_avg_returns = np.array(weights * np.mat(np.mean(st_ret_list.values, axis = 0)).T)
ports_returns = np.mat(st_ret_list.values) * weights.T
# excess return
excess_return = ports_returns - np.mat(benchmark.values).T
# information ratio
inf_ratio = np.mean(excess_return, axis = 0)/np.std(excess_return, axis = 0)
print(inf_ratio)
```

图 9-10 计算信息比率

9.3.3　基于遗传算法改进下的多因子选股量化交易策略案例解析

风险和收益是股市投资中两个非常重要的考虑因素,无论是个人或是投资机构在进行投资活动之前,都会考虑投资的收益率并估计其风险。以下将构建模型,同时考虑风险和收益两大属性,进行股票投资。通过检验和筛选出 11 个财务指标作为核心因子,对以上因子赋等权重,从而得到股票的综合风格指数,再利用 OBV 与双均线组成 O-K 选股,通过技术指标进行进一步筛选,构建本期投资模型。同时,在保证收益最大的前提条件下,引用遗传算法进行优化,构建遗传算法下的 RSI 动态止损模型,从而对投资风险进行阻隔,以此保证能够得到较高的收益。

以下内容均在 MindGo 平台进行量化交易的相关操作。

1. 构建理论模型

投资过程尽可能追求利益最大化。所以在实证有效的前提下,构建风险量化选股模型,并以经过遗传算法优化的相对强弱指标 RSI 作为止损指标,搭建最终的量化投资理论模型。在理论基础中已经解释过,面对市场的不断转变,我们选取已经做过显著性检验的财务指标作为因子,并排除行业因素的干扰,对因子进行标准化处理,之后对以上因子赋等权重,从而得到股票的综合风格指数。选取最近一个月的以上财务指标作为基础数据,构建本期投资模型。

在投资模型构建的基础上,进行止损模型搭建,即在保证收益的情况下尽可能减少风险。引用遗传算法优化止损模型,以相对强弱指数 RSI 作为止损衡量标准,相对强弱指数 RSI 是根据一定时期内上涨点数和涨跌点数之和的比率制作出的一种技术曲线,能够反映出市场在一定时期内的景气程度,对该模型进行修正得到优化后的止损模型。

通过收益和风险条件下的共同控制得到最终的量化投资模型。

2. 筛选因子

多维度的因子组合可以使得模型更好地捕获股票信息,从而对未来股票走势有一个较为精准的预判。表 9-14 中列举了构建的策略初始阶段纳入考虑范围的备选因子。

表 9-14　备 选 因 子

性质	因子简称	因子名称
价格风格指标	PE	市盈率
	PCF	市现率
	dividend yield ratio	股息率
	STD	标准差
	PB	标准差
	market factor	市场因子
	HML	账面市值比因子
成长风格指标	EBITG	息税前收益增长率
	NPG	净利润增长率
	MPG	主营利润增长率

续表

性质	因子简称	因子名称
成长风格指标	GPG	毛利润增长率
	OPG	营业利润增长率
质量风格指标	ROA	总资产收益率
	ROC	资本报酬率
	GPM	销售毛利率
	CTAR	现金总资产比例
	CNIR	现金净利润比例
	TAT	总资产周转率
	momentum factor	动量因子

　　显著性检验就是事先对总体(随机变量)的参数或总体分布形式作出一个假设,然后利用样本信息来判断这个假设(备择假设)是否合理,即判断总体的真实情况与原假设是否有显著性差异。

　　T 检验,也称 student t 检验(student's t test),它使用 T 分布理论来推断差异发生的概率,从而判断差异是否显著。P 值是用来判定假设检验结果的一个参数,也可以根据不同的分布使用分布的拒绝域进行比较。P 值就是当原假设为真时所得到的样本观察结果或更极端结果出现的概率。如果 P 值很小,说明原假设情况的发生概率很小,如果出现了,根据小概率原理,有理由拒绝原假设,P 值越小,拒绝原假设的理由越充分。

　　结合上述对因子的显著性检验,同时为了尽可能保留较多因素影响,最终考虑保留表 9-15 中所列因子进行测度。

表 9-15　选 用 因 子

因子		名称	t-Statistic	Prob.
价格风格指标	PE	市盈率	0.253 1	0.800 6
	PB	市净率	1.758 2	0.080 6
	PCF	市现率	−0.539 9	0.590 0
成长风格指标	EBITG	息税前收益增长率	−0.236 2	0.813 8
	NPG	净利润增长率	0.563 7	0.574 4
	OPG	营业利润增长率	−0.621 5	0.535 9
	OCHG	经营现金流增长率	2.214 6	0.029 5
质量风格指标	ROA	总资产收益率	2.877 6	0.004 4
	ROC	资本报酬率	2.268 9	0.024 2
	GPM	销售毛利率	−0.561 1	0.575 3
	TAT	总资产周转率	−0.778 9	0.437 1

3. 策略流程分析

通过对公司财务指标的选择与分析,挑选出 11 个财务指标,由于以上不同行业的财务指标不具有可比性,因此首先采用横向行业对比的方法对各上市公司的财务指标进行处理,进而消除行业影响。例如 A 上市公司的 PB 是 2 倍而 B 公司的 PB 是 5 倍,则不能直接说 A 公司相对于 B 公司被低估,因为 A 公司与 B 公司不在同一行业内,应将两个公司相对其各自行业进行比较。横向行业对比法的具体方法如下:

$$F_i \_ \mathrm{adj} = F_i / \mathrm{Mean} \_ F$$

其中 F_i_adj 是调整后的公司 i 的财务指标 F,F_i 是公司 i 原始的财务指标 F, Mean_F 是行业财务指标 F 的均值。

虽然经过标准化处理之后的财务指标基本消除了行业影响因素,但是由于极端值的存在仍然对最终数据结果具有一定影响,例如某些公司财务指标非常高,严重影响了行业的均值,调整之后仍然存在数量级不可比较的问题,将导致衡量标准失效。因此在财务指标初次筛选之后,可能存在各财务指标数量级不统一的问题,因此要将各财务指标统一到相同的数量级,具体是采用 0-1 均匀分布标准化处理:

$$\mathrm{Std}\_F_i = [F_i \_ \mathrm{adj} - \min(F \_ \mathrm{adj})] / [\max(F \_ \mathrm{adj}) - \min(F \_ \mathrm{adj})]$$

式中,Std_F_i 是标准化的公司 i 的财务指标 F,F_i_adj 是调整后的公司 i 的财务指标 F,$\min(F\_\mathrm{adj})$ 是调整后的所有样本公司财务指标 F 的最小值,$\max(F\_\mathrm{adj})$ 是调整后的所有样本公司财务指标 F 的最大值。经过处理之后,所有样本公司财务 F 介于 0 和 1 之间,将所有财务指标进行处理,就满足了数量级方面的要求。

在对所有财务指标进行处理之后,选取股票池中每只股票前一个月的所有财务指标进行等权重处理,构成风格综合指数。对风格综合指数进行排序,筛选完成之后通过 O-K 技术指标进行新一轮筛选,每月进行一次调仓处理。

通过 OBV 和双均线支线策略来进一步保证收益和控制风险。其中 OBV 是指平衡交易量,是(当日收盘价 – 昨日收盘价)的求和,当该指标由负到正时,是买入的信号,该指标由正到负时,是卖出的信号;双均线模型用到两条均线,即快均线(5 天均线)和慢均线(20 天均线),当快均线上升穿过慢均线时,形成金叉,给出买入信号。反之,当快均线下降穿越慢均线时,形成死叉,给出卖出信号。

在投资模型已经构建完成的基础上,进行止损模型搭建。

在此选择构建十日 RSI 指标进行选股:

十日 RSI =(十日上升平均数(十日平均收盘涨数和))/

(十日上升平均数(十日平均收盘涨数和)+

十日下降平均数(十日平均收盘跌数和))× 100

根据相关数据分析可得,在起伏不大的稳定市场一般可以规定 70 以上超买,30 以下超卖。所以设定以下模型。

当 RSI>70 时,该股票应该及时平仓。

伪代码如图 9-11 和图 9-12 所示(完整版源代码见随本书附带的电子资源)。

```
#### 剔除停牌股票函数 ###################################
def fun_unpaused(_stock_list, bar_dict):
#剔除上市不到60天的新股 ###########################
def fun_remove_new(_stock_list, days):
# 开盘时运行函数
def handle_bar(context, bar_dict):
    # TR
    My_list = context.portfolio.positions
    for index in My_list:
        max = 0
        H = history(index, ['high'], 1, '1d', True, 'pre', is_panel=1).values[0]#最高
        L = history(index, ['low'], 1, '1d', True, 'pre', is_panel=1).values[0]#最低
        PC = history(index, ['close'], 1, '1d', True, 'pre', is_panel=1).values[0]#收盘
        TR = H,L,PC三者互相的最大差值
        # 14日
        max_list = []
        H_list = history(index, ['high'], 14, '1d', True, 'pre', is_panel=1).values#最高
        L_list = history(index, ['low'], 14, '1d', True, 'pre', is_panel=1).values#最高
        PC_list = history(index, ['close'], 14, '1d', True, 'pre', is_panel=1).values#最高
        ATR = 同上14日最大差值的平均值
        if (TR < ATR):
            order_target(index, 0)


    根据公式Fi_adj=Fi/Mean_F计算调整后的财务指标


    根据公式Std_Fi=[Fi_adj-min(F_adj)]/[max(F_adj)-min(F_adj)]计算标准化的财务指标


    计算每支股票根据各因子的标准化财务指标得出的平均标准化财务指标


    筛选股票
```

图 9-11　伪代码 1

```
mark_flag = np.zeros(15)
for i in range(0, 15):
    index = securities[int(flag[i])]
    price = history(index, ['close'], 20, '1d', True, 'pre', is_panel=1)
    # 计算20日均线
    MA20 = price['close'].mean()
    # 计算5日均线
    MA5 = price['close'].iloc[-5:].mean()
    # 获取当前账户当前持仓市值
    market_value = context.portfolio.stock_account.market_value
    # 获取账户持仓股票列表
    stocklist = list(context.portfolio.stock_account.positions)
    # OBV
    OBV_now = sum(price.values[2:12:1] - price.values[1:11:1])
    OBV_pre = sum(price.values[1:11:1] - price.values[0:10:1])
    if OBV_pre < 0 and OBV_now > 0 and MA5 > MA20 and len(stocklist) == 0:
        mark_flag[i] = 1
summ = 0
for i in range(0, 15):
    if (mark_flag[i]):
        summ += TM_list[int(flag[i])]


for i in range(0, 15):
    if (mark_flag[i]):
        # 记录这次买入
        log.info("买入 %s" % (index))
        # 按目标市值占比下单
        order_target_value(index, context.portfolio.stock_account.available_cash * (TM_list[int(flag[i])] / summ))
```

图 9-12　伪代码 2

4. 回测结果分析

如图 9-13 所示,在牛市中,主线策略的策略波动率与基准波动率基本相持或稍高,低策略波动率体现了低策略风险性,这进一步验证了主线策略模型的可行性。

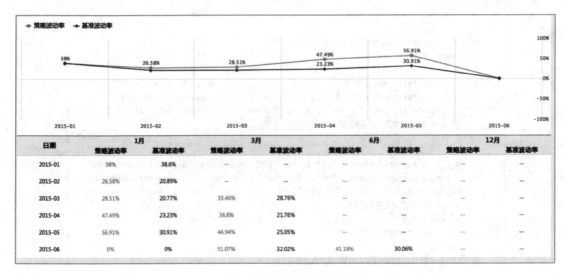

日期	1月		3月		6月		12月	
	策略波动率	基准波动率	策略波动率	基准波动率	策略波动率	基准波动率	策略波动率	基准波动率
2015-01	38%	38.6%	--				--	
2015-02	26.58%	20.89%						
2015-03	28.51%	20.77%	33.46%	28.76%			--	
2015-04	47.49%	23.23%	36.8%	21.76%				
2015-05	56.91%	30.91%	44.94%	25.05%				
2015-06	0%	0%	51.07%	32.02%	41.18%	30.06%	--	

图 9-13　在牛市中的策略波动率

如图 9-14 所示为熊市时的策略波动率,此时对比牛熊市中主线策略的策略波动率,可知,因为熊市的低迷状态,策略的风险性较牛市有所升高,且均高于基准波动率。

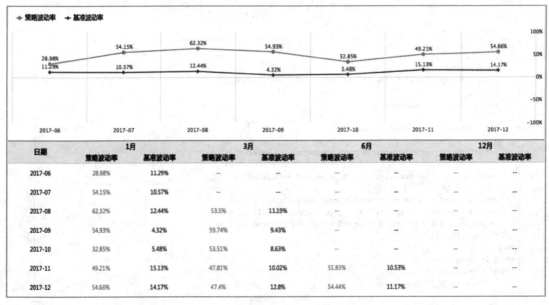

日期	1月		3月		6月		12月	
	策略波动率	基准波动率	策略波动率	基准波动率	策略波动率	基准波动率	策略波动率	基准波动率
2017-06	28.98%	11.29%					--	--
2017-07	54.15%	10.57%	--				--	
2017-08	62.32%	12.44%	53.5%	11.19%			--	
2017-09	54.93%	4.32%	59.74%	9.43%			--	
2017-10	32.85%	5.48%	53.51%	8.63%			--	
2017-11	49.21%	15.13%	47.81%	10.02%	51.83%	10.53%	--	
2017-12	54.66%	14.17%	47.4%	12.8%	54.44%	11.17%	--	

图 9-14　在熊市中的策略波动率

总体来看,不管是在牛市或熊市,本节的选股模型在样本期间总体表现较为优异。五因子波动率模型和 O-K 模型在一定程度上不仅起到了确保收益的作用,也起到了分散风险的作用,为投资者提供了较好的保护。

本 章 习 题

1. 简述 NumPy 的 ndarray 数组的特点。

2. 简述 pandas 的特点。

3. 创建一个一维且长度为 10 的 ndarray 数组,其中的所有元素都为 0。

4. 将上一题中创建的数组中第偶数位的所有元素的值变为 1。

5. 请利用 pandas 来生成一个 3 行 1 列的列向量(series),列向量的行标是 a,b,c,每列的值是 1,2,3。

6. 请利用 pandas 来把两个 3 行 1 列的列向量合并成一个 6 行 1 列的列向量。

7. 请利用 pandas 生成一个 3 行 3 列的单位矩阵(dataframe),矩阵的行标是 a,b,c,矩阵的列标是 e,f,g。

8. 请自行创建一组长度为 50 的随机数组,并计算其平均数、中位数、标准差、方差。

本 章 慕 课

微视频 9-1   本题重点:OK 算法模型。

微视频 9-1   OK 算法模型

微视频 9-2   本题重点:多因子选股模型部分算法。

微视频 9-2   多因子选股模型部分算法

程序源代码:第 9 章

本章的学习目标:
(1) 了解机器学习的基本概念和 Python 语言中机器学习相关类库。
(2) 了解视觉计算的基本概念和 Python 语言中视觉计算相关类库。
(3) 运用已学知识,结合 Python 与机器人,进入本书配套虚拟仿真平台进行实验。

10.1 Python 与机器学习

电子教案:第 10 章
Python 与人工智能

从广义上来说,机器学习是一种能够赋予机器学习的能力,以此让它完成直接编程无法完成的功能的方法。但从实践的意义上来说,机器学习是一种通过利用数据,训练出模型,然后使用模型预测的方法。

机器学习与模式识别、统计学习、数据挖掘、计算机视觉、语音识别、自然语言处理等领域有着很深的联系。从范围上来说,机器学习与模式识别、统计学习、数据挖掘是类似的,同时,机器学习与其他领域的处理技术的结合,形成了计算机视觉识别、语音识别、自然语言处理等交叉学科。因此,一般说数据挖掘时,可以等同于说机器学习。同时,我们平常所说的机器学习应用,应该是通用的,不仅仅局限在结构化数据,还有图像、音频等应用。

10.1.1 与机器学习相关的类库

Python 中有许多与机器学习相关的类库,以下将介绍几种常用类库。

1. TensorFlow

TensorFlow 是 Google 与 Brain Team 合作开发的,应用于机器学习的开源库。

TensorFlow 的工作方式类似于一个计算库,用于编写大量张量运算的程序。由于神经网络可以很容易地表示为计算图,因此它们可以用 TensorFlow 作为对张量(tensor)的一系列操作来实现。张量可以视为表述数据的 N 维矩阵。

TensorFlow 具有以下特点。

(1) TensorFlow 针对速度进行了优化,并利用 XLA 等技术实现快速线性代数运算。

(2) 响应式构造:使用 TensorFlow,可以轻松地将计算图的每一部分进行可视化,目前在使用 NumPy 时并没有这个选项。

(3) 灵活性:TensorFlow 的一个非常重要的特性是,它的操作非常灵活,这意味着它实现了模块化。

(4) 易于训练:对于分布式计算,它可以很容易地在 CPU 上进行训练,也可以在 GPU 上进行训练。

（5）并行化神经网络训练：从某种意义上说，可以通过多个 GPU 来训练多个神经网络，这使得模型在大型系统上非常高效。

（6）大型社区：因为 TensorFlow 是由 Google 开发的，所以有大量软件工程师和爱好者在不断改进 TensorFlow 的功能和性能。

（7）开源：TensorFlow 机器学习库最好的地方在于它是开源的，所以只要有互联网，任何人都可以使用它。

2. scikit-learn

scikit-learn 是一个与 NumPy 和 SciPy 相关的 Python 库，它被认为是处理复杂数据和进行数据挖掘的首选库之一。

数据挖掘即从大量的数据中挖掘那些令人感兴趣的、有用的、隐含的、先前未知的和可能有用的模式或知识。数据挖掘三大基本任务：分类预测（classification and prediction）、聚类分析（clustering analysis）、关联规则（association rule）。机器学习是数据挖掘的算法支撑，主要包括三种学习方式：有监督学习（supervised learning）、无监督学习（unsupervised learning）、强化学习（reinforcement learning）。

scikit-learn 是机器学习中常用的第三方模块，封装了常用的机器学习方法，包括回归（regression）、分类（classfication）、聚类（clustering）、降维（dimensionality reduction）。scikit-learn 具有以下特点：简单高效的数据挖掘和数据分析工具；让每个人能够在复杂环境中重复使用；建立在 NumPy、SciPy、MatPlotLib 之上。官网（https://scikit-learn.org/stable/）如图 10-1 所示。

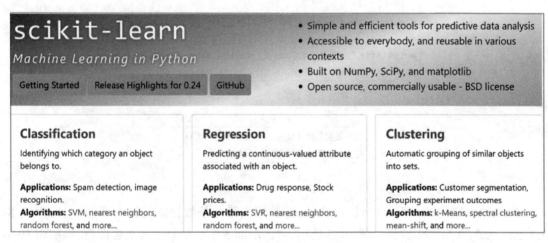

图 10-1　scikit-learn 官网

scikit-learn 具有以下功能。

（1）交叉验证：有多种方法可以检验监督机器学习模型对不可见数据的准确性。

（2）无监督学习算法：scikit-learn 提供了大量的机器学习算法，从聚类、因子分析和主成分分析到无监督神经网络。

（3）特征提取：用于从图像和文本中提取特征。

3. Keras

Keras 提供了一种更简单的机制来表达神经网络,此外,Keras 还为编译模型、处理数据集、图形可视化等提供了一些实用程序。

在后端,Keras 在内部使用 Theano 或 TensorFlow,也可以使用一些最流行的神经网络。与其他机器学习库比较,Keras 的速度相对较慢。因为它是通过使用后端架构创建计算图,然后利用它来执行操作的。不过 Keras 的优点是其所有模型都是可移植的。

Keras 具有以下特点。

(1) Keras 在 CPU 和 GPU 上都能顺利运行。

(2) Keras 支持几乎所有的神经网络模型,包括完全连接的、卷积的、池化的、递归的、嵌入的;等等。此外,这些模型还可以组合起来构建更为复杂的模型。

(3) Keras 在本质上是模块化的,具有难以置信的表现力、灵活性,并易于创新研究。

(4) Keras 是一个完全基于 Python 的框架,可以方便地进行调试和改写。

10.1.2　数字识别

本小节将通过逻辑回归来对图片进行机器学习,用以识别图片中的数字。

(1) 根据以下代码导入 digits 数据集,并查看 digits 数据集统计信息,如图 10-2 所示,输出结果如图 10-3 所示。

```
from sklearn.datasets import load_digits

digits = load_digits()

print('照片数据形状（维度）: ', digits.data.shape)
print('标签数据形状（维度）: ', digits.target.shape)
```

图 10-2　导入 digits 数据集

```
照片数据形状（维度）:  (1797, 64)
标签数据形状（维度）:  (1797,)
```

图 10-3　初步输出结果

(2) 根据如图 10-4 所示代码,查看 digits 数据集第一条数据的具体内容,并重构为(8,8)的数组。原数据与重构数据如图 10-5 所示,再选取前 5 个数据显示其灰度图,代码如图 10-6 所示,灰度图如图 10-7 所示。

```
print(digits.data[0])

import numpy as np
print(np.reshape(digits.data[0], (8,8)))
```

图 10-4　查看 digits 数据集,重构其大小

```
[ 0.  0.  5. 13.  9.  1.  0.  0.  0.  0. 13. 15. 10. 15.  5.  0.  0.  3.
 15.  2.  0. 11.  8.  0.  0.  4. 12.  0.  0.  8.  8.  0.  0.  5.  8.  0.
  0.  9.  8.  0.  0.  4. 11.  0.  1. 12.  7.  0.  0.  2. 14.  5. 10. 12.
  0.  0.  0.  0.  6. 13. 10.  0.  0.  0.]
[[ 0.  0.  5. 13.  9.  1.  0.  0.]
 [ 0.  0. 13. 15. 10. 15.  5.  0.]
 [ 0.  3. 15.  2.  0. 11.  8.  0.]
 [ 0.  4. 12.  0.  0.  8.  8.  0.]
 [ 0.  5.  8.  0.  0.  9.  8.  0.]
 [ 0.  4. 11.  0.  1. 12.  7.  0.]
 [ 0.  2. 14.  5. 10. 12.  0.  0.]
 [ 0.  0.  6. 13. 10.  0.  0.  0.]]
```

图 10-5 原数据与重构数据

```python
import numpy as np
import matplotlib.pyplot as plt

#选取数据集前5个数据
data = digits.data[0:5]
label = digits.target[0:5]

#画图尺寸宽20，高4
plt.figure(figsize = (20, 4))
for idx, (imagedata, label) in enumerate(zip(data, label)):

    #画布被切分为一行5个子图。 idx+1表示第idx+1个图
    plt.subplot(1, 5, idx+1)
    image = np.reshape(imagedata, (8, 8))
    #为了方便观看，我们将其灰度显示
    plt.imshow(image, cmap = plt.cm.gray)
    plt.title('The number of Image is  {}'.format(label))

plt.show()
```

图 10-6 选取前 5 个数据显示其灰度图

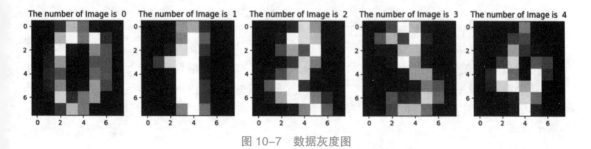

图 10-7 数据灰度图

（3）为了降低模型对数据过拟合的可能性，保证训练的模型可以对新数据进行预测，根据如图 10-8 所示代码，将 digits 数据集分为训练集和测试集。

```
from sklearn.model_selection import train_test_split

#测试集占总数据中的30%，设置随机状态，方便后续复现本次的随机切分
X_train, X_test, y_train, y_test = train_test_split(
    digits.data, digits.target, test_size = 0.3, random_state=100)
```

图 10-8　将 digits 数据集分为训练集和测试集

（4）根据如图 10-9 所示代码,通过逻辑回归对 digits 数据集进行训练,并预测测试集中的前 10 个数据对应的数字,并计算准确率。真实数字与预测数字、预测准确率如图 10-10 所示。

```
from sklearn.linear_model import LogisticRegression

logisticRegre = LogisticRegression()
#训练
logisticRegre.fit(X_train, y_train)
one_new_image = X_test[0].reshape(1, -1)

#预测
logisticRegre.predict(one_new_image)
predictions = logisticRegre.predict(X_test[0:10])
#真实的数字
print(y_test[0:10])
#预测的数字
print(predictions)
#准确率
score = logisticRegre.score(X_test, y_test)
print(score)
```

图 10-9　对 digits 数据集进行训练,并计算准确率

```
[9 9 0 2 4 5 7 4 7 2]
[9 9 0 2 4 5 7 4 7 2]
0.975925925925926
```

图 10-10　预测数字、真实数字、准确率

10.2　Python 与视觉计算

图像处理中的常见任务包括显示图像,基本操作(如裁剪、翻转、旋转等),图像分割,分类和特征提取,图像恢复和图像识别等。Python 之所以成为图像处理任务的最佳选择,是因为这一科学编程语言日益普及,并且其自身免费提供许多最先进的图像处理工具。

10.2.1　与图像处理相关的类库

在上一章中介绍过的 NumPy、SciPy 和 matplotlib 库同样适用于图像处理。

1. NumPy

NumPy 是 Python 编程的核心库之一,支持数组结构。图像本质上是包含数据点像素的标准 NumPy 数组。因此,通过使用基本的 NumPy 操作,例如切片、脱敏和花式索引,可以修改图像的像素值。可以使用 skimage 加载图像并使用 matplotlib 显示。

2. SciPy

SciPy 是 Python 的另一个核心库,建立在 NumPy 的基础之上,可用于基本的图像处理。该模块可提供线性和非线性滤波、二进制形态、B 样条插值和对象测量等功能。

3. matplotlib

matplotlib 是受 MATLAB 的启发构建的。MATLAB 是数据绘图领域广泛使用的语言和工具。MATLAB 语言是面向过程的。利用函数的调用,MATLAB 中可以轻松地利用一行命令来绘制直线,然后再用一系列的函数调整结果。

4. OpenCV

OpenCV(open source computer vision library)是计算机视觉应用中使用最广泛的库之一。OpenCV-Python 不仅速度快,而且易于编码和部署,实现了图像处理和计算机视觉方面的很多通用算法,同时它不依赖于其他的外部库,尽管也可以使用其他的外部库。

5. turtle

turtle 是一个对于初学者来说极其友好的库,它是标准库之一,主要用于程序设计入门,利用 turtle 库可以制作很多复杂的绘图。使用 turtle 库可以想象成一只海龟在画布上爬行,它的移动路径形成了我们所需要的图形。turtle 库使用的 5 个相关案例将在本章慕课中详细介绍。

10.2.2 人脸识别应用

在人脸识别领域,Python 具有相当广泛的应用,face-recognition 是最简单的人脸识别库,可以通过 Python 引用或者命令行来使用,管理和识别人脸。以下实验将介绍使用 face-recognition 来进行人脸识别的步骤。

(1) 根据如图 10-11 所示代码识别图片中的人脸。

```
import face_recognition
image = face_recognition.load_image_file("image.jpg")
face_locations = face_recognition.face_locations(image)
```

图 10-11 识别图片中的人脸

(2) 根据如图 10-12 所示代码来识别图片中的眼睛、鼻子、嘴巴等脸部特征。

```
import face_recognition
image = face_recognition.load_image_file("image.jpg")
face_landmarks_list = face_recognition.face_landmarks(image)
```

图 10-12 识别图片中的眼睛、鼻子、嘴巴等脸部特征

(3) 根据如图 10-13 所示代码识别图中人物是谁。

```python
import face_recognition
known_image = face_recognition.load_image_file("people1.jpg")
unknown_image = face_recognition.load_image_file("people2.jpg")

people1_encoding = face_recognition.face_encodings(known_image)[0]
people2_encoding = face_recognition.face_encodings(unknown_image)[0]

result = face_recognition.compare_faces([people1_encoding],people2_encoding)
```

图 10-13　识别图中人物是谁

10.3　Python+ 智能群体机器人虚拟仿真实验教学平台

为更好地发挥读者的自主能动性,从而更好地开展 Python 教学活动,本书编者团队开发了"Python+ 智能群体机器人虚拟仿真实验"平台,平台共由环境配置、认知性实验、设计性实验、综合性实验和创新性实验 4 个阶段实验组成,其中设计性试验主要针对 Python 基本语法,本章将不再赘述,有兴趣的读者可以自行前往平台完成实验练习。创新性实验主要面向少儿编程,本书不做详细介绍。读者可扫描本章慕课 10-6 二维码观看本平台介绍视频。

10.3.1　环境配置

本平台支持线上和线下(本地)两种调试方式,其中线下(本地)调试需对本地环境进行配置后方可进行。

1. 获取实验教学账号

访问 "Python+ 智能群体机器人虚拟仿真实验" 平台,如图 10-14 所示,注册实验账号。用户类型目前有小学生、中学生、大学生、其他学生和教师。教师登录后可按需要创建自己的班级信息,并由管理员或自己导入学生信息。

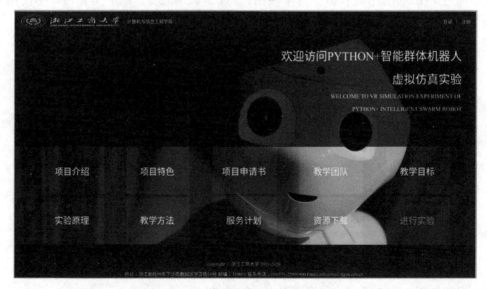

图 10-14　虚拟仿真实验平台主界面

2. 登录并进行实验(线上)

完成步骤 1 获取账号后,可登录页面,如图 10-15 所示。

图 10-15　用户登录界面

单击"进行实验"按钮,进入实验列表界面,上栏左侧为实验每步骤满分及目前得分情况,右侧为目前总得分,各步骤分值不等。下栏左侧为题目列表,包括实验一:认知性实验;实验二:设计性实验;实验三:综合性实验;实验四:创新性实验。界面右侧为步骤说明,包括基础语法知识介绍和示例程序。选中对应步骤,单击"开始实验"按钮即可进入实验界面。

实验界面由两部分组成,如图 10-16 所示,左侧为代码编写框,代码编写框中注释部分为步骤得分要求。右侧为虚拟机器人展示框,展示程序执行情况。编译结果以悬浮窗方式显示。

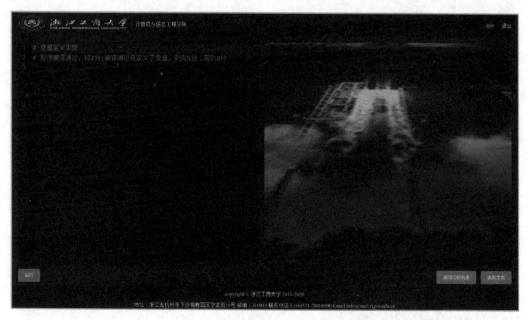

图 10-16　编写程序及机器人运动界面

3. 实验环境配置(线下 / 本地)

(1) 下载库文件到本地

访问"智能群体机器人 VR 仿真实验"平台,单击"资源下载"按钮进入资源下载界面,如图 10-17 所示,下载库文件 RobotLab.py。

图 10-17　资源下载界面

(2) 测试

在 RobotLab.py 所在文件夹下新建 test.py 文件,如图 10-18 所示。

图 10-18　本地文件

将以下代码复制到 test.py 中:

```
#encoding=utf-8
# 库文件中导入两个类
from RobotLab import RobotLab,Vec3
# 初始化机器人的姓名、位置和朝向
# 位置  用一个三维坐标来表示空间位置,对应到屏幕上,屏幕向右为 x 正方向,屏幕向上为 y 正方向,
# 屏幕向里为 z 正方向
# 朝向  用一个三维向量来表示机器人的朝向,坐标系统和位置的坐标系统一样,比如现在的 (0,0,-1)
# 表示屏幕向外的朝向
```

```
robot1=RobotLab(" 小溪 ",Vec3(0,0,2),Vec3(0,0,-1))
# 调用机器人的鞠躬动作
robot1.bow()
# 整个程序结束
RobotLab.End()
```

运行程序。在 vscode 中正确运行结果如图 10-19 所示,正确结果应无提示信息。

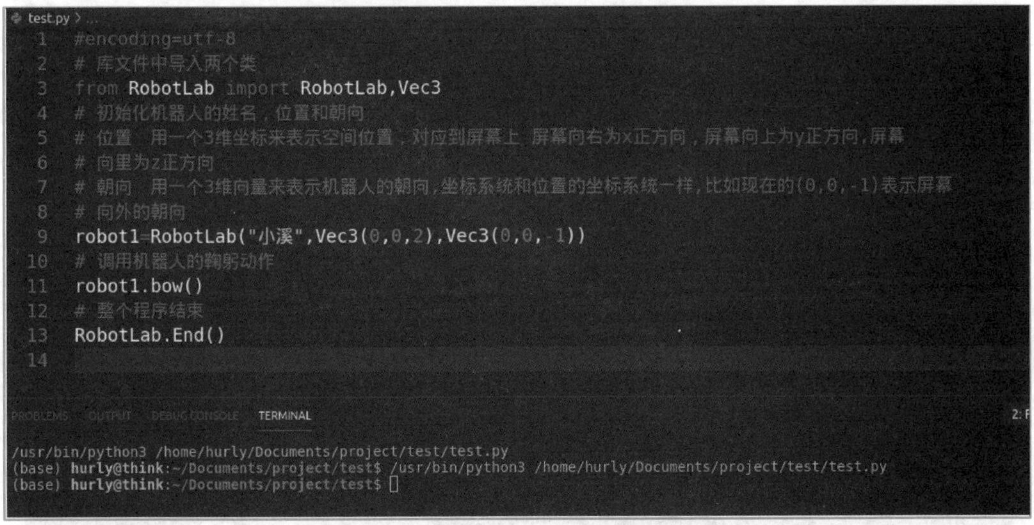

图 10-19　运行正确结果

如图 10-20 所示,展示了一种错误运行结果,其他错误类似。

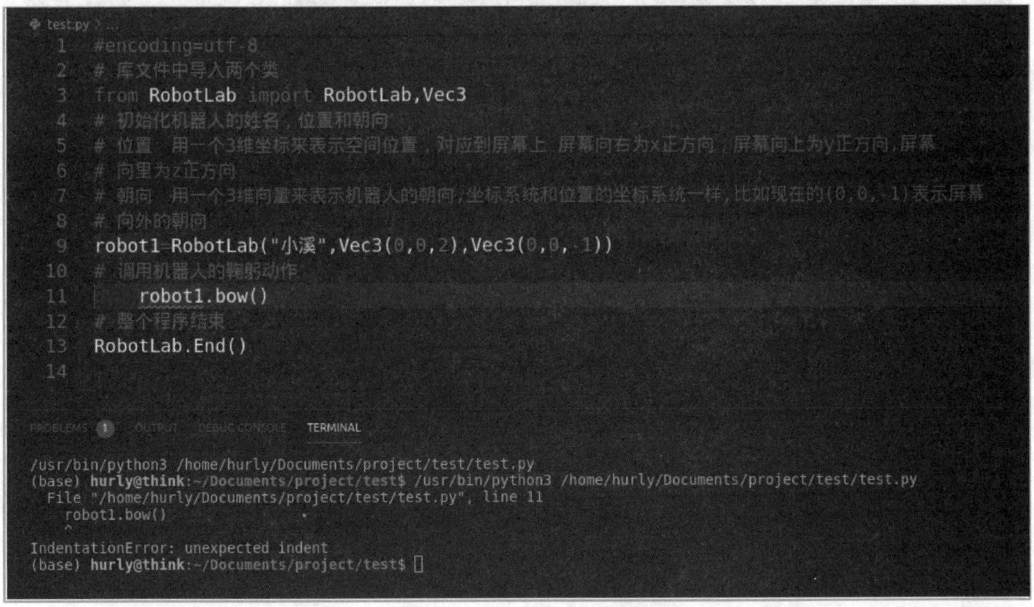

图 10-20　运行错误结果

（3）智能机器人函数展示

结合已学习的函数知识,通过本步骤可直接使用并练习智能机器人函数的使用,如图 10-21 所示。示例代码展示了机器人的两种函数使用,如图 10-22 所示,读者可自行实现其他多种函数的使用。

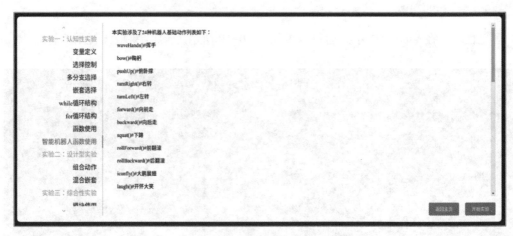

图 10-21　智能机器人函数使用步骤描述

图 10-22　智能机器人函数使用——示例代码及运行结果

10.3.2　设计性实验

实验要求:利用已学习的 Python 语法知识和智能机器人函数,完成初步组合设计。

1. 组合动作

结合实验阶段一中学习的内容,完成初步的动作组合设计,如图 10-23 所示。示例代码展示了动作的简单组合,如图 10-24 所示。

2. 混合嵌套

读者通过本步骤掌握嵌套的混合使用,如图 10-25 所示。示例代码展示了 for 和 if 的混合嵌套,如图 10-26 所示。

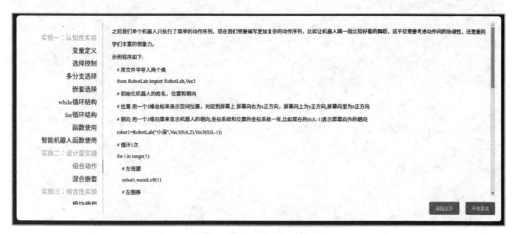

图 10-23　组合动作步骤描述

图 10-24　组合动作示例程序及运行结果

图 10-25　混合嵌套步骤描述

图 10-26 混合嵌套示例程序及运行结果

10.3.3 综合性实验

实验要求:掌握模块的使用,利用模块完成机器人控制和初始化操作,并在此基础上完成机器人群体舞蹈设计。

1. 使用

读者通过本步骤掌握模块的使用,如图 10-27 所示。示例程序中通过 from…import…语句导入内容,如图 10-28 所示。

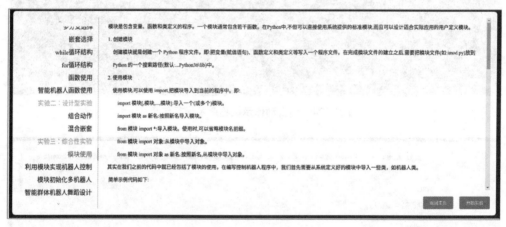

图 10-27 模块使用步骤描述

2. 利用模块实现机器人控制

通过本实验完成使用模块控制机器人的功能,如图 10-29 所示。示例代码中通过在模块中定义动作函数,并在 if__name__=='__main__' 中调用该动作函数,实现机器人控制,如图 10-30 所示。

3. 模块初始化多机器人

通过本步骤完成利用模块批量初始化机器人的功能,如图 10-31 所示。示例代码中定义机器人阵列的函数,通过控制阵列的宽度和高度来控制该输出阵列的形状,如图 10-32 所示。

图 10-28　模块使用示例程序及运行结果

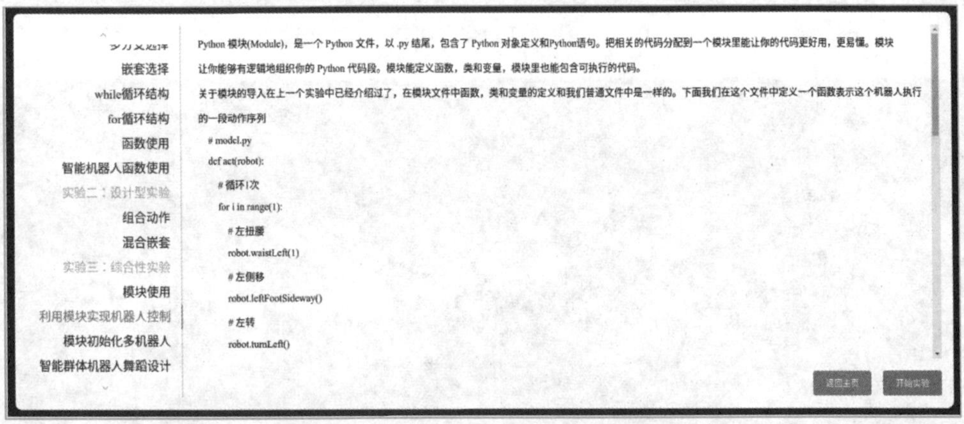

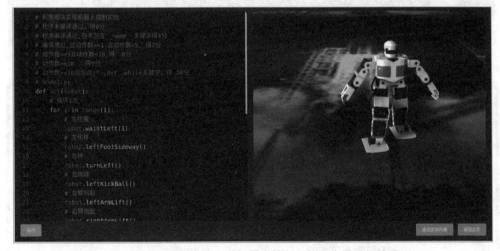

图 10-29　利用模块实现机器人控制步骤描述

图 10-30　利用模块实现机器人控制示例程序及运行结果

4. 智能群体机器人舞蹈设计

要求利用已有知识完成智能群体机器人舞蹈设计。在示例程序中定义两排机器人阵列，并分别执行不同的动作序列,如图 10-33 所示。智能群体机器人舞蹈设计示例程序及运行结果如图 10-34 所示。

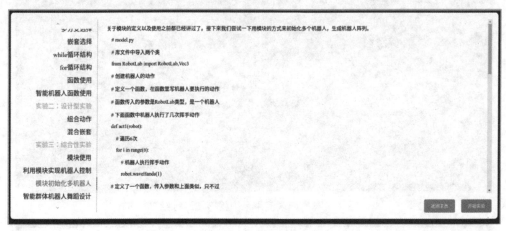

图 10-31   模块初始化多机器人步骤描述

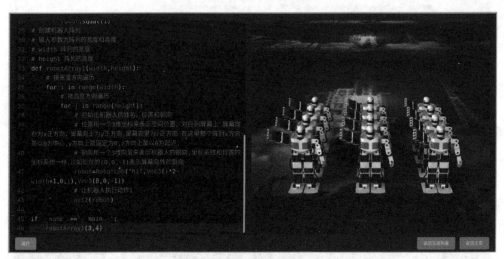

图 10-32   模块初始化多机器人示例程序及运行结果

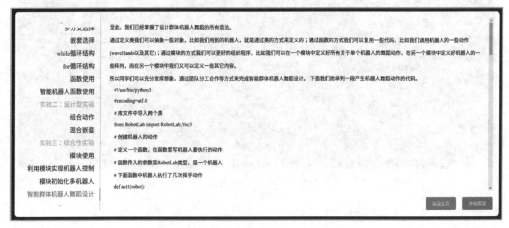

图 10-33   智能群体机器人舞蹈设计步骤描述

```
59  # act 该阵列中机器人要执行的动作
60  def robotArray2(xstart,zstart,length,width,act):
61      # 按宽度方向遍历
62      for i in range(xstart,xstart+length):
63          # 按高度方向遍历
64          for j in range(zstart,zstart+width):
65              # 初始化机器人的姓名、位置和朝向
66
67      robot=RobotLab("h1",Vec3(i*2,0,j),Vec3(0,0,-1))
68              # 让机器人执行动作
69              act(robot)
70  if __name__=='__main__':
71      # 阵列宽度为3
72      length=3
73      # 阵列高度为1
74      width=1
75      # 产生一个3*1的机器人阵列，z方向起始点为2,执行动作2
76      robotArray2(-int(length/2),2,length,width,act2)
77      # 产生一个3*1的机器人阵列，z方向起始点为4,执行动作1
78      robotArray2(-int(length/2),4,length,width,act1)
79      # 整个程序结束
80      RobotLab.End()
```

图 10-34　智能群体机器人舞蹈设计示例程序及运行结果

本 章 习 题

1. 简述机器学习领域中 NumPy 的特点。
2. 简述 TensorFlow 的特点。
3. 自行收集人脸图片，并识别其中的美国前总统奥巴马。

本 章 慕 课

微视频 10-1　本题重点：turtle 库的使用。

题目：利用 turtle 库创建一个默认主窗口。

微视频 10-1　Tkinter 实例 1

微视频 10-2　本题重点：turtle 库的使用。

题目：利用 turtle 库创建一个含按钮的主窗口。

微视频 10-2　Tkinter 实例 2

微视频 10-3　本题重点:turtle 库的使用。

题目:利用 turtle 库绘制一个圆形。

微视频 10-3　绘制圆形

微视频 10-4　本题重点:turtle 库的使用。

题目:利用 turtle 库绘制一个正五角星。

微视频 10-4　绘制五角星

微视频 10-5　本题重点:turtle 库的使用。

题目:利用 turtle 库绘制一个四叶草。

微视频 10-5　绘制四叶草

微视频 10-6　虚拟仿真实验教学平台介绍。

微视频 10-6　虚拟仿真平台介绍

程序源代码:第 10 章

参 考 文 献

[1] 杨柏林,韩培友. Python 程序设计 [M]. 北京:高等教育出版社,2019.

[2] 嵩天,礼欣,黄天羽. Python 语言程序设计基础 [M]. 2 版. 北京:高等教育出版社,
2017.

[3] Guido van Rossum,Fred L Drake Jr. The Python Language Reference(release 3.5.2) [M].
Python Software Foundation,2016.

[4] John Zelle. Python Programing:An Introduction to Computer Science 2nd Edition[M].
Oregon:Franklin,Beedle & Associates Inc.,2010.

[5] Bill Lubanovic. Python 语言及其应用 [M]. 丁佳瑞,梁杰,译. 北京:人民邮电出版社,
2016.

[6] Eric Matthes. Python 编程从入门到实践 [M]. 袁国忠,译. 北京:人民邮电出版社,2016.

[7] 王珊,萨师煊. 数据库系统概论 [M]. 北京:高等教育出版社,2014.

防伪查询说明

用户购书后刮开封底防伪涂层,使用手机微信等软件扫描二维码,会跳转至防伪查询网页,获得所购图书详细信息。

防伪客服电话

(010) 58582300